D1748914

DARMSTÄDTER GEOGRAPHISCHE STUDIEN

Herausgeber: H.-D. May

Schriftleitung: K. Friedrich

Heft 3

BEITRÄGE ZUR GEOGRAPHIE DES LÄNDLICHEN RAUMES

Darmstadt 1982

Im Selbstverlag des Geographischen Instituts der Technischen Hochschule Darmstadt

Bezug durch:

Geographisches Institut der TH Darmstadt
Schnittspahnstraße 9, 6100 Darmstadt

ISBN   3-922193-02-1

Druck:

KM   Druck, Kurt Schumacher Ring 35, 6114 Groß-Umstadt

VORWORT

In den letzten Jahren wurde die Erforschung des ländlichen Raumes in verschiedensten Wissenschaftsdisziplinen erheblich verstärkt. Eine Fülle von Publikationen ist das Ergebnis. Und doch sind zahlreiche Probleme noch nicht annähernd geklärt bzw. noch nicht einmal angesprochen.

Auch in der Geographie wurden zunehmend disparate Raumstrukturen und -prozesse untersucht, sowie Motivationsanalysen im ländlichen Raum erstellt - nicht zuletzt mit dem Ziel, der Raumplanung mit ihrem Postulat nach gleichwertigen Lebensbedingungen durch wissenschaftliche Forschungsbeiträge Entscheidungsgrundlagen und -hilfen zu liefern.

Der vorliegende Band der Darmstädter Geographischen Studien beschäftigt sich in den Beiträgen von MAY, ALTKRÜGER-ROLLER/ FRIEDRICH und ZIMMER ebenfalls mit dieser raumplanerischen Zielsetzung: Nach einführenden Überlegungen durch MAY, in denen besonders die konzeptionellen und methodischen Schwierigkeiten bei geographischen Untersuchungen im ländlichen Raum im Vordergrund stehen, bringen die Ausführungen von ALTKRÜGER-ROLLER und FRIEDRICH Ergebnisse eines Geländepraktikums in der Rhön und im Odenwald. Diese Untersuchungen waren gleichzeitig Pretests für eine von der Deutschen Forschungsgemeinschaft geförderte Forschungsarbeit, in der sowohl mit wahrnehmungs- als auch sozialgeographischem Ansatz Fragen der regionalen Raumwahrnehmung und Identifikation in einem regionalisierten Raumordnungskonzept untersucht werden. Der Beitrag von ALTKRÜGER-ROLLER/FRIEDRICH ist als erster Arbeitsbericht der erheblich weiterreichenden Forschungsarbeit zu sehen.

In dem anschließenden Aufsatz von ZIMMER werden planerische Aspekte im Bereich Odenwald aus Sicht des zuständigen Raumplaners vorgestellt. Sie leiten über zu dem letzten Beitrag des Heftes, der einen anderen Themenkreis und eine andere

Forschungsproblematik anspricht: WEIDMANN befaßt sich mit der siedlungsgenetischen Entwicklung des Waldhufendorfes Würzberg. Obwohl der Odenwald durch zahlreiche siedlungsgeographische und siedlungshistorische Arbeiten bereits relativ gut erforscht ist - stellvertretend seien jene von NITZ genannt - , sind wir der Meinung, daß diese vorgelegten Untersuchungsergebnisse eines engagierten Heimatforschers wertvolle zusätzliche Erkenntnisse zur Siedlungsentwicklung des Odenwaldes bringen.

Die kartographischen Ausführungen lagen in den Händen von Frau Ing. grad. für Kartographie Helga WARTWIG.

H.-D. MAY

INHALT

Seite

Heinz-Dieter MAY:
Vorwort...................................... 3

Heinz-Dieter MAY:
Regionalisierte Raumordnungspolitik für den ländlichen
Raum?.. 7

Helga ALTKRÜGER-ROLLER/ Klaus FRIEDRICH:
Regionale Identität und Bewertung in ländlich-peripheren
Gebieten.....................................17

Werner ZIMMER:
Regionalplanung im Odenwald..................69

Walter WEIDMANN:
Das Waldhufendorf Würzberg im Odenwald.......87

REGIONALISIERTE RAUMORDNUNGSPOLITIK
FÜR DEN LÄNDLICHEN RAUM ?

Heinz-Dieter MAY , Darmstadt

Trotz vielseitiger raumordnungspolitischer Bemühungen auf Bundes-, Landes- und Regionalebene steckt der ländliche Raum weiterhin in einer Krise. Es ist offensichtlich, daß sich räumliche Disparitäten zwischen ländlichen, peripheren Regionen und den Verdichtungsräumen mit den bisherigen Konzepten und Instrumentarien der Raumordnung nicht abbauen ließen (vgl. u.a. J. SCHULZ ZUR WIESCH 1978); im Gegenteil, durch die veränderten wirtschaftlichen und demographischen Rahmenbedingungen treibt der ländliche Raum wie in einem circulus vitiosus in eine sich ständig verstärkende Problemsituation.

Dabei sind die Strukturschwächen des ländlichen peripheren Raumes klar und bekannt: fehlende qualifizierte Arbeitsplätze, Mangel an wachstumsintensiven Wirtschaftszweigen (wie lassen sie sich übrigens für diese Regionen bestimmen?), unterdurchschnittliche Wirtschaftskraft, verzögerter sektoraler wirtschaftlicher Strukturwandel, niedriges Lohnniveau und geringes Steueraufkommen, schwache öffentliche Infrastrukturausstattung, ungünstiger demographischer Aufbau durch selektive Wanderung und Rückwanderung, hohe Arbeitslosenquote u.a. (vgl. z.B. D. STORBECK 1976; H.P. GATZWEILER 1979; D. SPERLING 1980). Auffälligstes Kriterium dieser Problematik ist die weiterhin hohe Abwanderungsquote der jungen Bevölkerung mit der Gefahr einer sozialen Erosion des ländlichen Raumes.

Die aufgezählten Merkmale sind vor allem Ausdruck der Raum-

und Siedlungsstrukturschwäche dieser ländlichen Regionen und ihrer Abhängigkeit von den Verdichtungsräumen. Das räumliche Entwicklungspotential reicht in der Regel nicht aus, um aus eigener Kraft die Benachteiligung im wirtschafts- und infrastrukturellen Bereich gegenüber den Verdichtungsräumen mit ihren Agglomerationsvorteilen zu verringern.

Der Vorwurf, Raumordnungs- und Regionalpolitik seien in den bisher praktizierten Formen (überwiegend Anpassungsplanung ohne trendumlenkende Politik) weitgehend wirkungslos und daher vollständig neu zu organisieren oder konzeptionell neu zu formulieren, hat, gemessen an den bisherigen Erfolgen, sicherlich eine gewisse Berechtigung. Und gerade jetzt, bei den gegenüber den 60er Jahren erheblich veränderten sozialen und wirtschaftlichen Rahmenbedingungen, bei den Problemen aus struktureller Arbeitslosigkeit und stagnierendem Wachstum, bei einem unerwartet schnell sich vollziehenden sektoralen Wandel, stellen sich die Fragen nach der Zukunft der Raumordnung und damit nach der Zukunft des ländlichen Raums besonders dringend (vgl. K.W. SCHATZ 1976, S.653 ff.; R. THOSS 1976). Denn der ländliche, und dabei vor allem der periphere, ländliche Raum, ist von der momentanen allgemeinen Krise besonders betroffen. Wird sie zu einem "kumulativen Schrumpfungsprozeß" (G. STIENS 1978) in diesen Regionen führen?

Das Unbehagen in der Bevölkerung des ländlichen Raumes über die geringe Wirkung der bisherigen Förderungsmaßnahmen zum Abbau regionaler Disparitäten wächst, die kritischen Stellungnahmen in der Fachliteratur sind zahlreich (vgl. z.B. die letzten Jahrgänge der Inf. z. Raumentwicklung). Unbehagen und Kritik müssen jedoch in der Suche nach neuen Wegen der Raumordnungspolitik münden!

Hier liegen die Hauptschwierigkeiten bereits im konzeptionellen Ansatz. Müssen lediglich die Ziele der Raumplanung, wie sie im BROG und im BROP formuliert sind, verändert werden? Oder ist die Förderungspolitik mit ihren Förderungsmaßnahmen (Schlagwort: Gießkannenprinzip) in Frage zu stellen? Oder müssen die Kompetenzen der horizontalen und vertikalen Organisation der Raumordnung neu geregelt werden? Ist möglicherweise eine vollständige Neuorientierung in mehreren oder allen der genannten Bereiche notwendig?

Der relativ einfachste, aber schmerzlichste Weg aus der augenblicklichen Situation des ländlichen Raumes wäre sicherlich eine "passive Sanierung". Indirekt wird dieser Vorschlag u.a. von der Kommission für sozialen Wandel in der Forderung nach großräumlicher funktionaler Entmischung aufgenommen (WIRTSCHAFTLICHER UND SOZIALER WANDEL IN DER BUNDESREPUBLIK DEUTSCHLAND 1977). Dies wäre jedoch eine Zielvorstellung, die mit gesellschaftlichen Auffassungen von Gleichheit, Wertgleichheit und Gleichwertigkeit, wie sie sich im BROP in der Forderung nach gleichwertigen Lebensbedingungen niedergeschlagen haben, nicht in Einklang zu bringen ist. Der Raumordnungsbericht der Bundesrepublik i.J. 1978 hat konsequent solchen Tendenzen einer passiven Sanierung eine klare Absage erteilt.

Die bisherigen Vorschläge zur Verbesserung der Wirkung der Raumplanung aus der wissenschaftlichen und politischen Diskussion lassen noch keinen einheitlichen Trend erkennen. Im Gegenteil! Die unterschiedlichen Auffassungen zu Gesellschaft und Ökonomie lassen nach F.NASCHOLD (1978a, S.19) deutlich vier sich klar voneinander unterscheidende Grundansätze erkennen:
"- eine mehr planungstechnische Weiterentwicklung der bestehenden Raumordnungspolitik
 - eine Konzeption der "aktiven staatlichen Raumpolitik"
 - eine neo-klassische Restauration von Ökonomie und Politik der regionalen und sektoralen Strukturpolitik sowie
 - eine arbeitsorientierte, trendumlenkende Konzeption der regionalen Strukturpolitik".
Diese Auffassungen sind mehr als nur Varianten einer Grundkonzeption. Sie spiegeln klar ein unterschiedliches Ver-

ständnis von Gesellschaft und Gesellschaftspolitik wider. Hier liegt in unserem pluralistischen System sicher eine große Schwierigkeit, nämlich ein auf breiter Basis konsensfähiges Konzept und eine daraus ableitbare Strategie zum Abbau regionaler Disparitäten zu schaffen. Es fehlt also eine allgemein anerkannte Theorie der regionalen Disparität.

Vieles spricht für die These von NASCHOLD, nur eine umfassende Erneuerung und Neukonzipierung der Raumpolitik in Zielsetzung, Organisation, Kompetenz und Instrumentarium könne eine Trendwende bringen. In seinem Sinne wäre eine stärker arbeitnehmerorientierte Raumordnungspolitik ein erster Schritt von der Anpassungsplanung zu einer trendumlenkenden Raumordnung. Unter diesem Gesichtspunkt kann man die jüngsten Forderungen nach vermehrter Förderung von öffentlichen tertiären Unternehmen im ländlichen Raum verstehen.

Ein anderer, für die Geographie besonders relevanter Aspekt, ist die Notwendigkeit stärkerer regionaler Durchdringung der Raumplanung. Sieht F.NASCHOLD (1978a, S.71) diese Forderung noch mehr unter organisatorischen Gesichtspunkten, so bringen jüngste Beiträge z.B. von D. MARTENS (1980), B. METTLER-MEIBOM (1980), H.-P. MEIER-DALLACH (1980) darüber hinaus auch die Forderung nach verstärkter Selbstbestimmung und Selbstverwirklichung der Region (d.h. deren Bevölkerung) in der Raumordnungspolitik. Damit wird eine Auffassung in die Diskussion gebracht, die von Seiten der Geographie schon immer vorgetragen wurde, aber bisher nicht den ihr gebührenden Stellenwert erhielt: Es ist die Auffassung, daß menschliches Handeln (z.B. Abwanderung, Innovationsaktivitäten) in enger Beziehung zur jeweiligen räumlichen Umwelt zu sehen ist. Dies wurde in der bisherigen Raumordnungspolitik viel zu wenig berücksichtigt. Es wurde nicht ausreichend hinterfragt, welche eigenen Wünsche die jeweilige Regionsbevölkerung an die Raumordnung stellt, Wünsche, die auf Bedingungen der räumlichen Umwelt und historischen Entwicklung der Region (z.B. tradierte Verhaltensweisen) beruhen.

Haben wir in der Raumplanung bisher nicht allzulang städtische Lebensformen und Verhaltensmuster als Richtschnur kritiklos auf den ländlichen Raum übertragen, ohne zu fragen, ob sich dort nicht andere, regionalspezifische Lebensweisen und Bedürfnisse entwickelt haben, die von den hochgelobten städtischen Mustern abweichen? Haben wir uns nicht zu sehr von Indikatoren und Durchschnittswerten in der Raumplanung leiten lassen, ohne zu erkennen, daß Raumansprüche regionsspezifisch sind und nur zum Teil über die Formulierung eines Durchschnittsbürgers (zudem Städters) zu ermitteln sind? Ist bisher die Forderung des BROG nach gleichwertigen Lebensbedingungen nicht zu eng an ökonomischen Indikatoren gesehen worden?

Sicherlich haben Einkommensverhältnisse, Steueraufkommen und andere Indikatoren bei einer solchen Diskussion ihren Stellenwert. Es gibt jedoch auch Wertesysteme, in denen andere, bisher nur randlich berücksichtigte Faktoren sehr hoch eingestuft werden, wie z.B. gesunde Umweltverhältnisse, Heimatverbundenheit. Möglicherweise rührt aus dieser aufgezeigten Seite auch ein großer Teil des Unbehagens der Bevölkerung des ländlichen Raumes gegenüber der bisherigen Raumordnung, nämlich aus dem Gefühl, unverstanden zu sein, sich nicht ausreichend in den eigenen subjektiven Bedürfnissen erkannt und seine Wertvorstellungen zu wenig verwirklicht zu sehen. Eine Konsequenz für die Raumordnung wäre nach unserer Auffassung, eine regionsnahe Politik zu betreiben, die stärker auf die regionsspezifischen Bedürfnisse eingeht.

Allerdings ist der Nachweis zu erbringen, daß wir unter den raumordnungspolitischen Zielsetzungen des BROG, die auch in nächster Zukunft Gültigkeit besitzen werden (G.STIENS 1982), regional unterschiedliche Bedürfnisse erfassen und formulieren können.

Damit ergibt sich die Notwendigkeit, empirisch zu belegen, daß sich aus den unterschiedlichen regionalen Umweltbedingungen und den regionsgebundenen Einstellungen und Wertemustern der Bewohner unterschiedliche Verhaltensweisen und unterschiedliche Raumansprüche ergeben, die von einer Regionalpolitik berücksichtigt werden müssen. Die Frage nach der Existenz regionaler Wertesysteme und ihrer Erfassung wird damit zu einem Kernpunkt.

Environmental perception und sozialgeographisches Verhalten

Zur Lösung dieser Fragen bietet sich methodisch der wahrnehmungsgeographische Ansatz (environmental behavior und environmental perception) an. Dieses methodische Konzept, das insbesondere auf den Arbeiten von R.M. DOWNS und P.R. GOULD basiert, geht davon aus, daß das Individuum Informationen, die es aus der realen Umwelt empfängt, mit Hilfe eines subjektiv geprägten Wertesystems und einer subjektiven psychologischen Grundhaltung filtert. Selektiv wird dadurch ein vorhandenes Raumimage beeinflußt, das wiederum Grundlage für Entscheidungen, wie z.B. Entschluß zur Abwanderung, sein kann (vgl. dazu H. SCHRETTENBRUNNER 1974; R. WIESSNER 1978 u.a.).

Eine gewisse Problematik in der Anwendbarkeit dieses Ansatzes liegt darin, daß er von persönlichen Einstellungen und der subjektiven Wahrnehmung von Einzelpersonen ausgeht, d.h. daß Ergebnisse auf individuelle Bewertungsvorgänge zurückzuführen sind. Für eine regionalisierte Raumordnungspolitik ist jedoch das Wissen um ein regionsspezifisches Wertemuster entscheidend, das sich in einem regional faßbaren Verhalten der Bevölkerung auswirkt. Hier liegen aber die Schwierigkeiten: Denn ergibt die Summe individueller psychologischer Einstellungen und Wertvorstellungen ein regionales Wertemuster, das sich real und planungsrelevant in raumwirksamem Verhalten auswirkt? Oder anders ausgedrückt: Lassen sich aus einem mit dem wahrnehmungsgeographischen Ansatz ermittelten Wertesystem verwertbare Aussagen über beabsichtigtes und tatsächliches Verhalten einer Regionsbevölkerung im Sinne einer sozialgeographischen Gruppe ableiten? Wie stark steuern individuelle psychologische Einstellungen und wie stark gesellschaftliche bzw. gruppenspezifische Bedingungen planungsrelevantes räumliches Verhalten?

Dies sind berechtigte Fragen, die empirisch und theoretisch noch weitgehend ungeklärt sind. Ausführlich hat sich daher E.WIRTH (1981) in einer jüngst erschienenen Veröffentlichung mit der Problematik der Anwendbarkeit des wahrnehmungsgeographischen Ansatzes zur Klärung sozialgeographischer Sachverhalte auseinandergesetzt und auf die methodischen Probleme, die uneinheitliche Begriffsverwendung und die unzureichende Theoriebildung hingewiesen. Weitere empirische Erhebungen sind daher zu diesem Problemkreis unbedingt erforderlich.

Eine empirische Untersuchung im Gebiet Rhön-Vogelsberg

Im Rahmen einer von der Deutschen Forschungsgemeinschaft unterstützten Forschungsarbeit[1] wurde am Geographischen Institut der TH Darmstadt versucht, diesen Fragen durch eine empirische Untersuchung in Gemeinden des ländlichen Raumes (Rhön, Vogelsberg, Odenwald) nachzugehen. In den Erhebungen wurde aus den oben aufgezeigten methodischen Problemen heraus bewußt sowohl sozialgeographische als auch wahrnehmungsgeographische Ansätze zugrunde gelegt, d.h. es wurden sowohl tatsächliches und beabsichtigtes Verhalten als auch Einstellungen, Motivationen und Bewertungen erfragt.

Nach zwei Pretests, die im Rahmen von Geländepraktika mit studentischen Teilnehmern durchgeführt werden konnten, stellten sich für die Hauptbefragung im Sommer 1982 drei Fragen-

---

1 Der Verfasser und seine Mitarbeiter danken der DFG für die finanzielle Unterstützung dieser Forschungsarbeit.

komplexe:
1. Gibt es unterschiedliche, regionsspezifische Wertemuster und daraus resultierende, unterschiedliche Ansprüche an die räumliche Umwelt? Lassen sich regional unterschiedliche Auffassungen von Lebensqualität fassen (Problem der "gleichwertigen Lebensbedingungen")?
Welche Parameter steuern diese regionsspezifischen Bewertungsmuster, d.h. u.a., wie stark beeinflussen gesellschaftliche Umwelt, tradierte Verhaltensformen und Informationen der Massenmedien das regionale Wertesystem?
2. In welchem Maße beeinflussen unterschiedliche regionale Wertemuster unterschiedliche territorialspezifische Verhaltensweisen?
3. Inwieweit stimmen Raumbild und Raumbewertung der Regionsbevölkerung mit der "objektiven Umwelt" überein? Lassen sich daraus eventuell Konsequenzen für die Raumordnungspolitik ableiten? Gibt es eine regionale Identifikation? Wie kann man die "Region" im Rahmen einer regionalisierten Raumordnungspolitik erfassen?

Die Primärerhebungen in Vogelsberg und Rhön sind inzwischen abgeschlossen. 440 Interviews wurden durchgeführt und werden z.Z. ausgewertet. Noch ist es zu früh, mit den vorliegenden Ergebnissen abschließende Antworten auf die angesprochenen Fragen zu geben.

Es scheint sich jedoch in den untersuchten Gebieten - insbesondere nach den Ergebnissen der Pretests (vgl. hierzu den Beitrag H. ALTKRÜGER-ROLLER u. K. FRIEDRICH in diesem Heft)- die Hypothese zu bestätigen, daß das Verhalten der Bevölkerung im ländlich-peripheren Raum und deren Ansprüche gegenüber den Lebens- und Umweltbedingungen sowohl von der Auseinandersetzung mit realen, "objektiven" Faktoren, als auch durch regional gebundene tradierte Verhaltensweisen und Einstellungen geprägt sind. Dies würde einen Teil des Unbehagens an der praktizierten Raumordnungspolitik erklären und die Forderung nach einer stärkeren regionalen Orientierung unterstützen.

LITERATURVERZEICHNIS

GATZWEILER,H.P.: Der ländliche Raum - Benachteiligt für alle Zeiten? In: Geograph. Rundschau H. 1 / 1979. S. 10-16.

MARTENS,D.: Grundsätze und Voraussetzungen einer regionalen Regionalpolitik. In: Inf. zur Raumentwickl. H. 5 / 1980. S. 236-272.

MEIER - DALLACH,H.-P.: Räumliche Identität - Regionalistische Bewegung und Politik. In: Inf. zur Raumentw. H. 5 / 1978. S.301-313.

METTLER - MEIBOM,B.: Grundzüge einer regionalen Regionalpolitik. In: Inf. zur Raumentw. H. 5 / 198o. S. 273-282.

NASCHOLD,F.: Alternative Raumpolitik. Ein Beitrag zur Verbesserung der Arbeits- und Lebensverhältnisse. Kronberg 1978 a.

NASCHOLD,F.: Alternative Raumordnungspolitik. Elemente und Ansatzpunkte eines neuen Politikmodus in der Raumordnung. In: Inf. zur Raumentw. H. 1 / 1978 b. S.61-7o.

SCHATZ,K.W.: Zum sektoralen und regionalen Strukturwandel in der BRD. In: WSI - Mitteilungen H. 11/ 1976.

SCHRETTENBRUNNER,H.: Methoden und Konzepte einer verhaltenswissenschaftlich orientierten Geographie. In: Der Erdkundeunterricht H. 19. Stuttgart 1974. S. 64-86.

SCHULZ ZUR WIESCH,J.: Regionalplanung ohne Wirkung. In: Archiv f. Kommunalwissenschaften Bd. 1 / 1978.

SPERLING,D.: Innovationsförderung im ländlichen Raum. In: Inf. zur Raumentw. H. 7/8 / 198o. S. 379-383.

STIENS,G.: "Kumulativer Schrumpfungsprozeß" in peripheren Regionen unausweichlich? In: Geograph. Rundschau H. 11 / 1978. S. 433-436.

STIENS,G.: Zur Wiederkunft des Regionalismus in den Wissenschaften. In: Inf. zur Raumentw. H. 5/ 1980. S. 315-333.

STIENS,G.: Veränderte Konzepte zum Abbau regionaler Disparitäten. In: Geograph. Rundschau H. 1 / 1982. S. 19-24.

STORBECK,D.: Chancen für den ländlichen Raum. In: Raumf. und Raumordnung H. 6 / 1976. S. 269-277.

THOSS,R.: Planung unter veränderten Verhältnissen - ökonomische Aspekte. In: Veröff. Akad. für Raumforsch. u. Landesplanung. Forsch. u. Sitzungsber. Bd.1o8. Hannover 1976. S. 15-39.

WIESSNER,R.: Verhaltensorientierte Geographie. Die angelsächsische behavioral geography und ihre sozialgeographischen Ansätze. In: Geograph. Rundschau H. 11 / 1978. S. 42o-426.

WIRTH,E.: Kritische Anmerkungen zu den wahrnehmungszentrierten Forschungsansätzen in der Geographie. In: Geograph. Zeitschrift H. 3 / 1981 S. 161-198.

WIRTSCHAFTLICHER UND SOZIALER WANDEL IN DER BUNDESREPUBLIK DEUTSCHLAND. Gutachten der Kommission für wirtschaftlichen und sozialen Wandel. Göttingen 1977.

REGIONALE IDENTITÄT UND BEWERTUNG IN LÄNDLICH-PERIPHEREN GEBIETEN

Mit 5 Abbildungen und 12 Tabellen

Helga ALTKRÜGER-ROLLER und Klaus FRIEDRICH, Darmstadt

1. Bezugsrahmen und Fragestellung

1.1. Vorbemerkungen

Im Sommer und Herbst 1981 führte das Geographische Institut der THD zwei kulturgeographische Geländepraktika durch. Sie standen in engem Zusammenhang mit einer von der DFG geförderten Studie zur "Raumbewertung ländlich-peripherer Gebiete als Komponente eines regionalisierten raumordnerischen Konzeptes". Teilaspekte jenes Projektes sollten in diesem Rahmen u.a. mit Hilfe zweier Pretests vorgeklärt werden. Dessen konzeptionelle Voraussetzungen werden im folgenden nur insofern näher vorgestellt, als sie zum Verständnis der hier diskutierten ersten Ergebnisse erforderlich sind.

1.2. Das Dilemma einer disparitären Raumentwicklung

Die Probleme des ländlichen Raumes sind weitgehend bekannt und publiziert (vgl. z.B. DIE ZUKUNFT DES LÄNDLICHEN RAUMES 1971, 1972, 1976). Deshalb genügt es hier, sie schlagwortartig noch einmal in Erinnerung zu bringen. Sie bestehen vor allem darin, daß mit der Industrialisierung eine Urbanisierung und Verdichtung - auf Kosten des ländlichen Raumes - einherging, die sich bis in die Gegenwart fortsetzt. Während sich in den Verdichtungsräumen Wirtschaftskraft, Bevölkerung und Infrastruktureinrichtungen ballen, resultiert die Strukturschwäche der übrigen flächenhaften Regionen gerade aus der unterdurchschnittlichen Ausprägung dieser Komponenten.

Den raumordnungspolitischen Gegenmaßnahmen des Bundes und der Länder nach dem Zweiten Weltkrieg gelang es trotz eines hohen Mitteleinsatzes nicht, die als räumliche Fehlentwicklung diagnostizierten regionalen Disparitäten abzubauen. Sie haben aber doch bewirkt, daß der Abstand zwischen den Strukturräumen nicht größer wurde (H. J. v. d. HEIDE 1980, S.27). Die lange Zeit gültige Prämisse, Raumordnungspolitik unter der Maßgabe einheitlicher Zielnormen könne zum Abbau struktureller Unterschiede beitragen, war von der Umlenkbarkeit der Standortentscheidungen in den ländlichen Raum sowie dem Wachstum von Bevölkerung und Wirtschaft ausgegangen. Beide Grundannahmen haben sich als nicht zutreffend erwiesen. Unter dem Eindruck veränderter ökonomischer und demographischer Rahmenbedingungen ist deshalb die zweifellos notwendige Strukturverbesserung in den ländlichen Teilräumen kaum durch eine gerechtere (bessere ?) räumliche Verteilung von Zuwächsen zu erreichen. Erfolgversprechender erscheint das Bemühen, v o r h a n d e n e Entwicklungspotentiale besser auszunutzen mit dem Ziel, dort einen in der Tendenz sich selbst verstärkenden und tragenden Entwicklungsprozeß in Gang zu setzen.

Diese "Politik der kleinen Schritte" (K.-H. HÜBLER 1979, S. 28 ff.), die durch ihre Problembezogenheit in deutlichem Unterschied zu den flächendeckend ausgerichteten Förderinstrumenten steht, findet sich -in jüngerer Zeit verstärkt- beispielsweise in arbeitnehmerorientierten (K. H. TJADEN 1978; F. NASCHOLD 1978), forschungs- und technologiefördernden (INNOVATIONSFÖRDERUNG IM LÄNDLICHEN RAUM 1980) sowie regionsorientierten Raumordnungsansätzen (D. MARTENS 1980). Den letztgenannten geht es vor allem darum, Strategien für den ländlichen Raum nicht mehr vorwiegend aus der Sicht und am

Maßstab der Verdichtungsräume zu konzipieren, sondern stärker als bisher das Förderinstrumentarium auf die jeweils regionsspezifisch unterschiedlichen Problemstrukturen abzustellen und endogene Ressourcen zu aktivieren (G. STIENS 1982).

1.3. Zielsetzung und konzeptionelle Überlegungen

Die Einbindung der von der Raumentwicklung betroffenen Bewohnerschaft in die künftigen planerischen Strategien trägt den Grundsätzen des skizzierten regionalisierten Raumordnungskonzepts Rechnung. Die Regionsbevölkerung nämlich ist als Handlungs- und Entscheidungsträger, beispielsweise durch Verbleib oder Abwanderung aus dem ländlichen Raum, wesentlich an dessen künftigem Schicksal beteiligt. Folgerichtig gilt es, neben regional differenzierten strukturellen Indikatoren regionsspezifische Bedürfnisstrukturen zu berücksichtigen.

Die angesprochene DFG-Studie geht in der Grundhypothese von der Existenz derartiger regional differenzierter raumbezogener Bedürfnisstrukturen aus. Sie formuliert in diesem Kontext das Vorhandensein unterschiedlicher, regionsspezifischer Bewertungsmuster. Raumbild und Raumbewertung erlangen demnach eine zentrale normative Bedeutung als Voraussetzung künftiger raumordnerischer Tätigkeit. Dementsprechend muß es ein zentrales Anliegen sein zu klären, inwieweit sich diese Annahmen empirisch belegen lassen (vgl. hierzu den Beitrag von H.-D. MAY in diesem Heft).

Der vorliegenden Pilotstudie geht es im Rahmen zweier Geländepraktika darum, Teilaspekte dieser forschungsleitenden Hypothese der Hauptuntersuchung instrumentell sowie inhaltlich vorzuklären. Insbesondere erfolgt eine erste Bestandsaufnahme und Analyse von Bewertungsvorgängen im ländlichen Raum, wobei folgende Fragestellungen überprüft werden sollen:
- Wie bewertet die Bevölkerung unterschiedlicher ländlicher Regionen ihre räumliche Umwelt?

- Welche Einflußgrößen (z.B. raumstruktureller, sozioökonomischer Art) sind hierfür von besonderer Bedeutung?
- Lassen diese empirischen Teilprüfungen bereits Rückschlüsse zu auf die Existenz regionsspezifischer, raumgebundener Einstellungen und Grundhaltungen sowie "regionaler Identität"?

Die Einbindung derartiger subjektiver Komponenten mag für die Regionalplanung ein bisher noch unübliches Verfahren sein, nicht jedoch für diejenigen Forschungszweige, die sich mit der Analyse räumlicher Bewertung und Aktivitäten beschäftigen. In der Stadtplanung, der Umweltpsychologie und der Wahrnehmungsgeographie haben derartige Fragestellungen inzwischen einen festen Platz, der sich auch in der - vor allem seit den 70er Jahren - nahezu unübersehbaren Flut neuer Publikationen aufzeigen läßt. Nach ersten Ansätzen von E.C. TOLMAN (1948) hatte K. LYNCH (1960) am Beispiel nordamerikanischer Großstädte nachgewiesen, daß die Struktur der physischen Umwelt wesentlichen Einfluß auf deren Wahrnehmung und Bewertung besitzt. Die Fortentwicklung zum wahrnehmungsgeographischen Ansatz ist eng mit der Konzeption der "mental maps" (R.M. DOWNS und D. STEA 1973; P.R. GOULD und R. WHITE 1974) verbunden. Die wesentlich von DOWNS und GOULD beeinflußte behavioral geography geht davon aus, daß den raumwirksamen menschlichen Aktivitäten, wie z.B. dem hier relevanten Entschluß zur Abwanderung oder zum Verbleib am Wohnort, ein selektiver Wahrnehmungs- und Bewertungsmechanismus vorgeschaltet ist, wie ihn beispielsweise R. WIESSNER (1978, S. 420ff.) beschreibt.

2. Die Untersuchungsräume

2.1. Die Wahl der Untersuchungsgebiete

Die Überprüfung der bisher diskutierten Zusammenhänge erfolgt im wesentlichen durch die Befragung ausgewählter Bewohner dreier Gemeinden. Im Hauptuntersuchungsraum, dem hessischen Anteil des Mittelgebirges Rhön, sind dies die Gemeinden Hilders und Hofbieber. Sie gehören zum osthessischen Landkreis Fulda. Darüberhinaus wurde im baden-württembergischen Neckar-Odenwald-Kreis Mudau in die Untersuchung einbezogen. Diese aus pragmatischen Gründen (Befragungskapazität, Zeitbegrenzung) notwendige Beschränkung erlaubt verständlicherweise keinen Anspruch auf Repräsentativität für "die hessische Rhön" oder "den badischen Odenwald". Die Gemeinden stehen nur insofern bedingt für ihre jeweilige Region, als ihre Auswahl Kriterien folgte, die im wesentlichen deren Strukturen und Probleme widerspiegeln sollten. Selbstverständlich erfordert der weitere Forschungsprozeß eine intensivere Abklärung des verwendeten Regionsbegriffs.

2.2. Der Untersuchungsraum Hessische Rhön

Das Bundesraumordnungsprogramm faßt Osthessen mit Mittelhessen zu einer Gebietseinheit zusammen. Mittel-Osthessen wird im nationalen Vergleich als Schwerpunktraum mit Strukturschwächen vorwiegend in der Erwerbsstruktur gekennzeichnet (RAUMORDNUNGSBERICHT 1978, S. 77f.). Indikatoren hierfür sind u.a. das unzureichende Angebot an qualifizierten Arbeitsplätzen, die unterdurchschnittliche Lohn- und Gehaltssumme je Industriebeschäftigten sowie die hohen Binnenwanderungsverluste der Erwerbspersonen. Auch hinsichtlich des Bruttoinlandsproduktes je Kopf der Wirtschaftsbevölkerung als Maßzahl für die wirtschaftliche Leistungskraft nimmt der Untersuchungsraum im Bundesvergleich eine unterdurchschnittliche Position ein. Eine Studie, die sich den Chancen des sozialen Aufstiegs in den Teilräumen der Bundesrepublik widmet, siedelt Mittel-Osthessen unter diesem Aspekt im unteren Drittel aller 38 Gebietseinheiten an (CHANCEN DES SOZIALEN AUFSTIEGS IN DEN TEILRÄUMEN DER BUNDESREPUBLIK DEUTSCHLAND 1980, S. 27). Ebenso treffen die Abgrenzungskriterien für Fördergebiete innerhalb der "Gemeinschaftsaufgabe Verbesserung der regionalen Wirtschaftsstruktur" (GRW) für den Untersuchungsraum zu.

Innerhalb Hessens war die wirtschaftliche Stellung des Landkreises Fulda während der Nachkriegszeit geprägt durch die Folgen der Teilung Deutschlands. Die Grenzziehung hatte Gebiete durchschnitten, die vorher gewachsene funktionale Einheiten bildeten; vor allem die intensiven Kontakte mit Thüringen wurden jäh unterbrochen. An dieser erzwungenen Randstellung vermochten anfangs auch die verschiedenen staatlichen Maßnahmen vornehmlich im Rahmen der Zonenrandgebietsförderung und der GRW nichts zu ändern. Vielmehr wirken diese Vorgänge bis in die Gegenwart, was sich beispielsweise an der aktuellen strukturräumlichen Ausprägung (vgl. Abb.1) sowie den altersspezifischen Wanderungsvorgängen (vgl. Abb.2) ablesen läßt. Vor allem die jungen Erwerbspersonen sind überdurchschnittlich hoch an der Abwanderung in die Verdichtungsgebiete Südhessens beteiligt. In jüngerer Zeit jedoch zeichnen sich positive Effekte ab, die dazu führen, daß der Landkreis - trotz bestehender Strukturnachteile - nicht mehr am Ende der hessischen Gebietskörperschaften rangiert (LANDESENTWICKLUNGSBERICHT HESSEN 1970-1978, S. 213- 229).

So ist für den Zeitraum zwischen 1970 und 1979 insgesamt eine überdurchschnittliche Zunahme der Beschäftigten zu verzeichnen,wie sich dem nachfolgenden Diagramm entnehmen läßt. Sie entfällt weitgehend auf die Expansion im Öffentlichen Dienst sowie auf den Sektor Banken/Verkehr. Die leichten Abnahmen im Verarbeitenden Gewerbe liegen noch unter den Werten auf Landesebene. Empfindliche Einbußen dagegen erfuhren das Baugewerbe,der Handel sowie der private Dienstleistungs-

HESSEN -
STRUKTURRÄUMLICHE GLIEDERUNG
FÖRDERGEBIETE

Niedersachsen

Nordrhein-Westfalen

NORDHESSEN

DDR

MITTELHESSEN

OSTHESSEN

Lkrs. FULDA

UNTERMAIN

Bayern

RHEIN-MAIN-TAUNUS

Rheinland-Pfalz

STARKENBURG

Baden-Württemberg

⊢·⊣	Grenze der Bundesrepublik Deutschland
—·—·—	Landesgrenze
———	Kreisgrenze
•••••••	Regionsgrenze
———	Grenze des Untersuchungsgebietes
++++	Grenze des Zonenrandgebietes
░	Ländlicher Raum
▒	Ordnungsraum
▓	Verdichtungsgebiet
≡	Fördergebiet GRW
⫼	Mittelhessenprogramm

0 10 20 30 40 50 km

Quelle: Landesentwicklungsbericht Hessen 1970-1978

Abb. 1

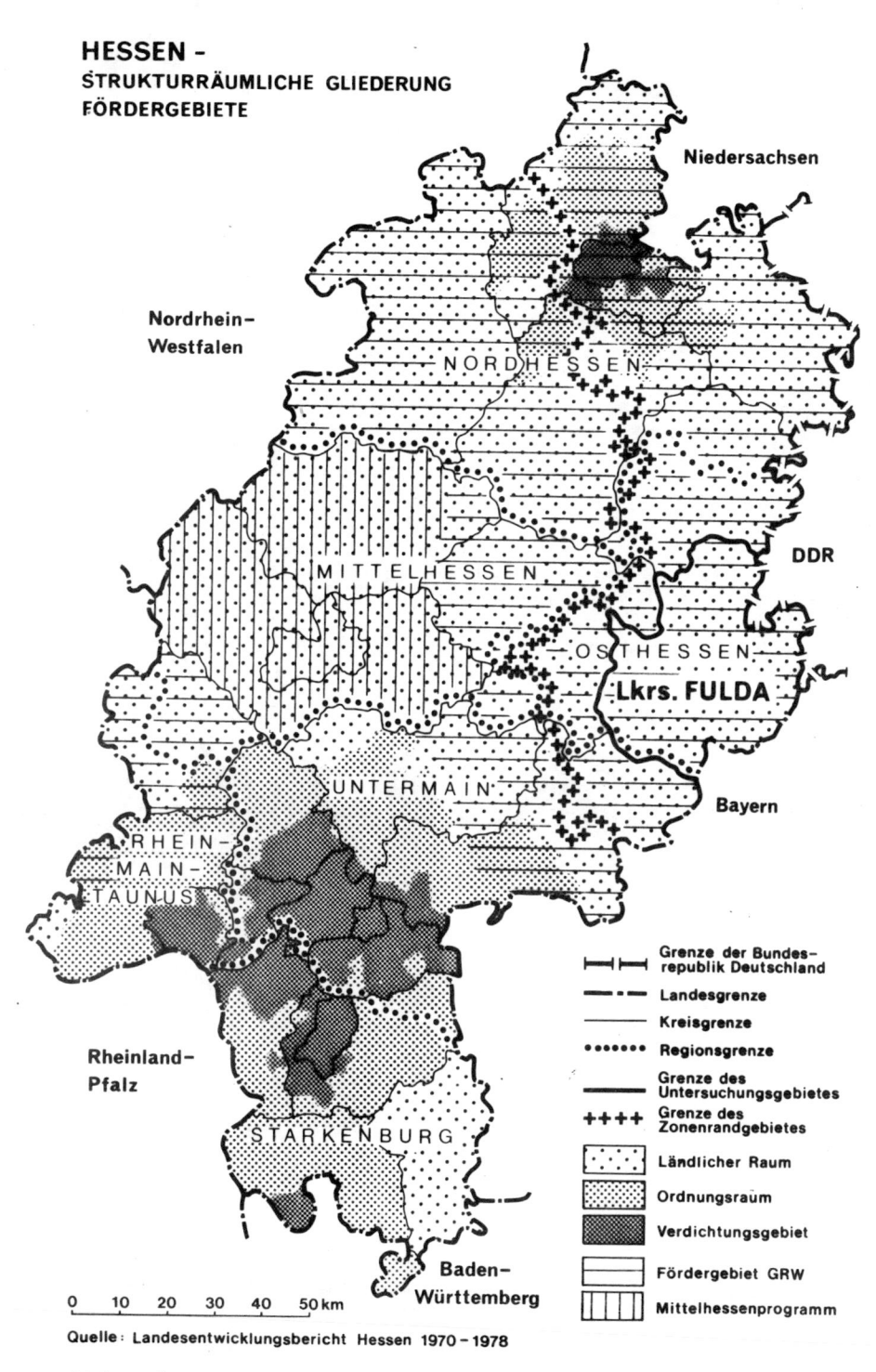

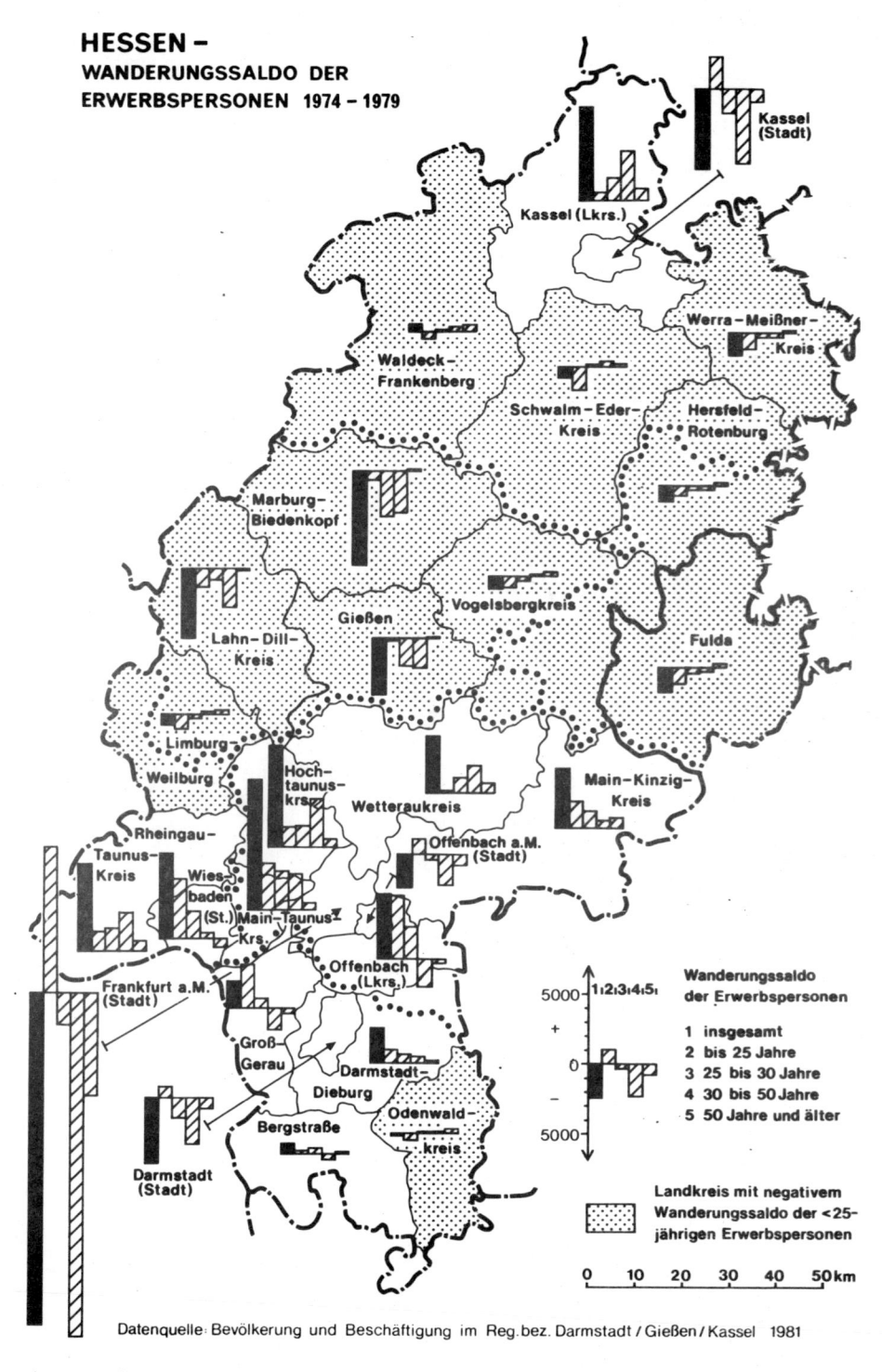

HESSEN –
WANDERUNGSSALDO DER ERWERBSPERSONEN 1974 – 1979

Wanderungssaldo der Erwerbspersonen

1 insgesamt
2 bis 25 Jahre
3 25 bis 30 Jahre
4 30 bis 50 Jahre
5 50 Jahre und älter

Landkreis mit negativem Wanderungssaldo der <25-jährigen Erwerbspersonen

Datenquelle: Bevölkerung und Beschäftigung im Reg.bez. Darmstadt / Gießen / Kassel 1981

Abb. 2

bereich. Es bleibt abzuwarten, inwieweit sich diese ersten Erfolge der Fördermaßnahmen zum Ausbau der infrastrukturellen Ausstattung sowie arbeitsplatzschaffende Investitionen der gewerblichen Wirtschaft bei anhaltend angespannter Haushaltslage fortsetzen werden, oder ob die gegebenen Standort- und Strukturnachteile künftig wieder stärker ins Gewicht fallen (HESSENREPORT 81, S. 160f.).

Beschäftigtenentwicklung 1970-1979

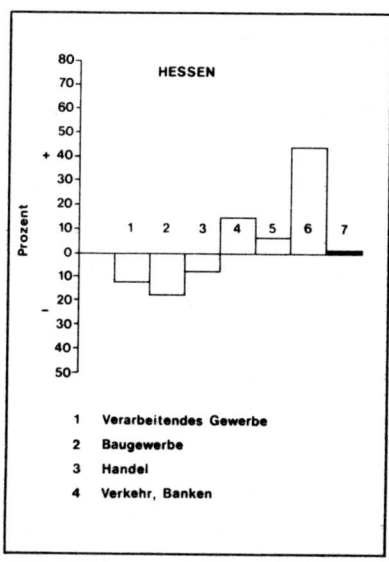

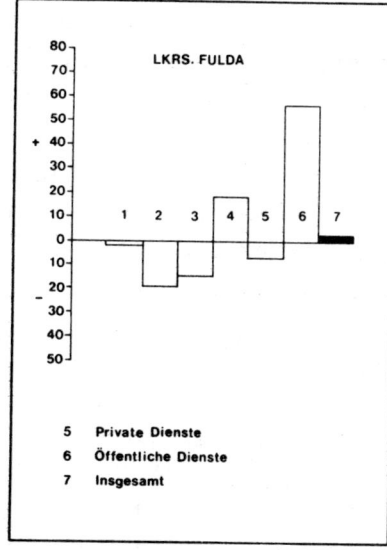

1 Verarbeitendes Gewerbe
2 Baugewerbe
3 Handel
4 Verkehr, Banken
5 Private Dienste
6 Öffentliche Dienste
7 Insgesamt

Quelle: Bevölkerung und Beschäftigung im Regierungsbezirk Kassel

Abb. 3

Diese Strukturnachteile äußern sich in einem - bezogen auf die hessischen Landkreise - überdurchschnittlich hohen Anteil landwirtschaftlich Erwerbstätiger sowie der landesweit zweitniedrigsten Erwerbsquote. Sie bestehen aber auch in der relativ einseitigen Ausrichtung des Produzierenden Sektors auf die Textil- und Bekleidungsindustrie sowie die Gummi- und Asbestverarbeitung.

2.2.1. Die räumliche Differenzierung des Landkreises Fulda

Seine heutige Gestalt erlangte der Landkreis Fulda 1974 mit Abschluß der kommunalen Gebietsreform. Im Jahre 1980 lebten hier 190 786 Menschen. Sitz der Kreisverwaltung und größte Stadt ist Fulda mit ca. 60 000 Einwohnern (1981), gefolgt von Hünfeld mit etwas mehr als 14 000. Jeweils über 10 000 leben in den Großgemeinden Künzell, Petersberg und Neuhof in unmittelbarer Nähe Fuldas.

Fulda nimmt als Oberzentrum innerhalb der strukturschwachen osthessischen Region eine überragende Position ein (vgl. hierzu N. HERR 1976 und H. HEYMEL 1980). Ihre Bedeutung als verwaltungsmäßiges, wirtschaftliches sowie kulturelles und geistliches Zentrum des Fuldaer Landes bewahrte die Stadt in bemerkenswerter Kontinuität bis heute (vgl. W. RÖLL 1966 sowie DER LANDKREIS FULDA 1971). Die auf Fulda gerichteten überregionalen Verkehrslinien sind in dem N-S verlaufenden Entwicklungsband erster Ordnung gebündelt, das den Frankfurter Raum mit Kassel bzw. Göttingen verbindet. Auch die weiteren rangniederen bandinfrastrukturellen Leitlinien sind auf die Kreisstadt orientiert.

Diese Schlüsselstellung der Stadt hat Auswirkungen auf die Siedlungsstruktur des Landkreises. So zeigt sich von der Siedlungs- und Bevölkerungsdichte her eine deutliche Bevorzugung des Fuldaer Beckens gegenüber dem peripheren und siedlungsärmeren Bereich der Hohen- und der Kuppenrhön. Auch die Gliederung nach Gemeindetypen (RAUMORDNUNGSBERICHT FÜR DIE REGION OSTHESSEN 1973/74) macht dies deutlich. So ist die als gewerblich eingestufte Kreisstadt nahezu lückenlos umgeben von Wohngemeinden, deren Außenbereiche von radial angeordneten gewerblichen Gemeinden unterbrochen werden. Zur Rhön hin folgt eine Zone mit landwirtschaftlichen und Mischgemeinden, die schließlich im Ulstertal von einer Kette gewerblicher Gemeinden abgelöst werden.

Tabelle 1: Ausgewählte Strukturdaten der Gemeinden des Landkreises Fulda

	Bevölkerungsstand	Bevölkerungsveränderung in %		Bevölkerungsveränderung in %	Differenz gegenüber Hessen in %	Natürl. Bevölkerungsveränderung in %	Wanderungssalden in %	Wanderungssalden 1974-79		Versicherungspflichtig Beschäftigte	Veränderung versicherungspflichtig Beschäftigte
	1980	1961-70		1970-80	1970-80	1974-80	1974-80	18 - 25 Jahre	insgesamt	1980	1970-80
Bad Salzschlirf	2 500	- 0,9		- 1,0	- 5,1	- 7,0	3,7	- 155	- 59	926	72
Burghaun	5 679	5,7		- 1,2	- 5,2	- 1,1	- 1,0	- 28	- 43	806	202
Dipperz	2 573	8,9		12,2	8,1	3,3	1,8	78	87	375	-
Ebersburg	3 784	- 1,8		3,6	- 0,5	0,2	2,9	- 74	- 163	423	105
Ehrenberg	2 593	3,4		9,7	- 13,7	0,8	- 7,5	46	488	521	80
Eichenzell	7 860	14,0		13,8	9,8	1,5	7,8	167	145	1 313	808
Eiterfeld	7 071	6,3		0,4	- 3,7	0,2	- 1,8	- 131	- 100	795	74
Flieden	7 653	11,8		1,7	- 2,4	0,7	- 1,2	17	268	1 235	172
Fulda	57 035	7,4		- 5,4	- 9,4	- 2,4	- 2,7	- 131	- 20	33 709	1 181
Gersfeld	5 851	- 1,5		3,8	- 0,2	- 3,8	5,2	- 132	- 36	1 088	39
Grossenlüder	7 314	2,7		0,4	3,7	0,2	- 0,3	- 233	60	1 011	9
Hilders	4 663	4,8		1,6	- 5,7	- 2,6	0,4	- 55	- 20	628	210
Hofbieber	5 113	- 0,2		0,9	- 3,2	0,8	0,2	- 98	391	319	58
Hosenfeld	3 931	11,0		- 0,4	- 4,5	0,4	- 0,3	- 81	53	451	92
Hünfeld	14 062	11,3		2,8	- 1,3	- 1,1	3,0	98	591	4 463	121
Kalbach	5 435	8,1		3,9	- 0,2	0,4	1,0	- 135	15	1 039	472
Künzell	12 936	33,5		27,0	22,9	3,6	5,8	60	67	1 022	264
Neuhof	10 355	12,8		4,9	0,8	0,1	2,8	5	548	1 849	25
Nüsttal	2 506	2,1		3,0	- 1,0	1,3	3,4	- 110	- 233	272	55
Petersberg	12 785	27,9		14,2	10,1	1,6	4,6	- 44	95	1 019	142
Poppenhausen	2 458	- 0,9		- 7,2	- 11,3	0,2	- 9,6	74	36	668	36
Rasdorf	1 572	- 0,2		- 9,2	- 13,3	1,4	- 7,0	- 102	- 112	117	128
Tann	5 057	0,1		- 0,2	- 4,3	- 1,7	2,4	- 410	- 1 777	986	86
Landkreis	190 786	8,9		1,7	- 2,4	- 0,6	0,4	- 1 980	63	55 035	3 319

Quelle: HLT - Ausdrucke Wohnbevölkerung, Wanderungssalden, Versicherungspflichtig Beschäftigte. Wiesbaden 1981.

Auch die gemeindebezogene Aufschlüsselung der jüngeren Bevölkerungsentwicklung in Tabelle 1 dokumentiert, daß gerade die "Problemgebiete" der Rhön von der leicht positiven Bilanz des Gesamtkreises ausgeschlossen sind. Das Wachstum konzentriert sich auf die Wohngemeinden um Fulda, die sowohl die aus der Kreisstadt fortziehende Bevölkerung als auch die Wanderungsgewinne des Landkreises auffangen. Dagegen gehen die negativen Bilanzen der Rhöngemeinden nahezu ausschließlich auf hohe Abwanderungsverluste zurück. Die altersbezogene Analyse der Wanderungssalden zeigt, daß gerade hier die 18-25jährigen überproportional am Fortzug beteiligt sind.

Die im vorigen Abschnitt angesprochenen Strukturschwächen sind auch begründet in der ungleichen Verteilung der Arbeitsstätten im Landkreis. Die starke Konzentration von nahezu 57% der in der Industrie und von über 70% im Tertiären Sektor Beschäftigten in Fulda selbst kontrastiert deutlich zu den übrigen Gemeinden, und hier wiederum vor allem zu denen in der Rhön und im Zonengrenzbereich. Dies relativiert auch den oben anhand der statistischen Daten thematisierten wirtschaftlichen Aufschwung. Er kommt weitgehend der Stadt Fulda zugute. Ihr neuer Industriepark und derjenige von Eichenzell/Welkers binden die Neuansiedlungen auch von Wachstumsbranchen. Verstärkt wird dieser Effekt dadurch, daß beide Standorte als gewerbliche Entwicklungsschwerpunkte Fördermittel aus der GRW in Anspruch nehmen können, die beispielsweise im östlichen Kreisteil nicht zur Verfügung stehen.

So verdichtet sich der Eindruck, daß dieser Bereich vor allem der Landwirtschaft und dem Fremdenverkehr vorbehalten bleibt. Aber auch hier weist das Untersuchungsgebiet keineswegs befriedigende Verhältnisse auf (vgl. hierzu AGRARSTRUKTURELLE VORPLANUNG UND LANDSCHAFTSRAHMENPLANUNG HESSISCHE RHÖN 1970/71). Niedrigen Bodenwertzahlen, kleinbäuerlichen Betriebsstrukturen sowie ungünstigen Klima- und Reliefverhältnissen in den Höhengebieten steht eine intensive ackerbauliche Nutzung im Fuldaer Becken gegenüber. Während hier

Getreideanbau und Schweinemast dominieren, ist in der Rhön vor allem die Grünlandwirtschaft verbreitet. Die landwirtschaftlichen Einkommen im Ostteil des Kreises liegen aufgrund der natürlichen Ertragsbedingungen, der Entfernung zum Markt und der Betriebsgrößenstruktur unter dem Bundesdurchschnitt (M. BOSSUNG 1974, S. 24).

Ein entwicklungsfähiger Wirtschaftsfaktor ist der Fremdenverkehr. Mit 1 381 945 Übernachtungen im Jahr 1980 steht Fulda an fünfter Position aller hessischen Landkreise (HESSISCHE KREISZAHLEN I/1981,S. 44). Neben dem Kurort Bad Salzschlirf und der Barockstadt Fulda für den kurzfristigen Besucherverkehr fällt hier der Naturpark "Rhön" als Erholungsgebiet ins Gewicht (F. FUCHS 1973, S. 320ff.). Fremdenverkehrszentren sind der Kneippkurort Gersfeld sowie die Luftkurorte Hilders und Tann. Die Reliefgegebenheiten und Waldfreiheit der Hänge sowie günstige Schneeverhältnisse bevorzugen die Rhön gegenüber den umliegenden Mittelgebirgen als Wintersportgebiet. Dennoch vermag dies die stark saisonal bedingte Bettenausnutzung von nur 32,1% im Kreismittel (Hessen 37,9%) nicht zu erhöhen, zumal der Einsatz von Skizügen aus dem Rhein-Main-Gebiet die Bereitschaft zu längeren Aufenthalten nicht gerade fördert.

2.2.2. Die Untersuchungsgemeinden Hilders und Hofbieber

Die benachbarten Gemeinden Hilders und Hofbieber liegen im östlichen Landkreis Fulda und gehören damit zum oben beschriebenen Problemgebiet der hessischen Rhön. Beide Großgemeinden sind durch den Zusammenschluß mit ehemals selbständigen Ortsteilen im Rahmen der kommunalen Gebietsreform entstanden. Auch von der Weitläufigkeit ihrer Gemarkung, einer Wohnbevölkerung von jeweils ca. 5 000 sowie ihrer demographischen Struktur her weisen sie viele Gemeinsamkeiten auf. Dennoch unterscheiden sie sich in funktionaler Hinsicht so gravierend, daß es sinnvoll erscheint, sie gesondert vorzustellen.

Charakteristisch für die periphere Standortsituation von Hilders ist die relativ abgeschlossene Lage im oberen Ulstertal am Nordrand der Hohen Rhön. Im Osten stößt die Gemarkung an die Landesgrenze von Thüringen. Die ca. 30 km entfernte Kreisstadt ist sowohl über eine eingleisige, von der Einstellung bedrohte Bundesbahnlinie, als auch über die Bundesstraße 458 zu erreichen. Trotz dieser Standortnachteile, zurückgehenden Einwohnerzahlen in den Ortsteilen, rückläufigen Erwerbsmöglichkeiten am Ort durch Schließung mehrerer mittelständischer Betriebe und damit verbunden hohen Auspendlerquoten vermochte die Kerngemeinde eine Sonderstellung innerhalb der hessischen Rhön auszubilden (vgl. Tab. 1 sowie AGRARSTRUKTURELLE VORPLANUNG HILDERS). Kennzeichnend sind eine Zunahme der Beschäftigten im Tertiären Sektor, eine in Ansätzen erkennbare funktionale Differenzierung des baulichen Gefüges, der gut ausgestattete zentrale Geschäftsbereich (vgl. Abb. 4) und Wachstumsspitzen in den Neubaugebieten am Ortsrand. Verantwortlich hierfür sind neben der historisch gewachsenen Mittelpunktfunktion der Marktgemeinde (vgl. E. DROTT 1958, S. 82ff.) die ausreichend große Bevölkerungszahl von 2 182 (1981 = ca. 46% der Gesamtgemeinde) sowie der Fremdenverkehr. Die hierdurch bedingte Nachfrage verstärkt den zentralörtlichen Charakter von Hilders, dessen infrastrukturelle Ausstattung weit über den Eigenbedarf hinausgeht. Heute erfüllt Hilders gemeinsam mit Tann Funktionen eines Unterzentrums für das nördliche Ulstertal.

Die Bedeutung des Fremdenverkehrs für den staatlich anerkannten Luftkurort läßt sich anhand der ca. 94 000 Übernachtungen des Jahres 1981 im zentralen Ortsteil ablesen. Die mittlere Verweildauer beträgt dabei nur 5,4 Tage. Hotels und Gaststätten finden sich in relativ massierter Weise vor allem entlang der Hauptstraße, Pensionen und Fremdenzimmer in den Neubaugebieten. Darüber hinaus belebt dieser Wirschaftszweig sowohl das stark differenzierte Einzelhandelsangebot als auch die Infrastrukturausstattung. Das neue Gemeindezen-

---

Abb. 4: Hilders Gebäudefunktion und Baualter
Abb. 5: Hofbieber Gebäudefunktion und Baualter

Geographisches Institut
der Universität
Neue Universität

trum weist u.a. ein Hallenbad und eine Bücherei auf, deren Errichtung auch von fremdenverkehrspolitischen Erwägungen mitbestimmt wurde. Neben der strukturellen Wirkung des Fremdenverkehrs darf nicht dessen ortsbildprägende Komponente vergessen werden. So wurde Hilders 1973 im Wettbewerb "Unser Dorf soll schöner werden" als attraktivster Ort Hessens in seiner Kategorie ausgezeichnet. Der gefällig restaurierte Ortskern mit seinen zahlreichen Fachwerkhäusern gewann damit auch für seine Bewohner an Wert.

H o f b i e b e r ist es im Gegensatz zu Hilders nicht gelungen, eine Eigenständigkeit im Versorgungs- und Infrastrukturbereich auszubilden. Ebensowenig hat es die Kerngemeinde bisher vermocht, für die anderen 15 Ortsteile die vorgesehene zentralörtliche Bedeutung zu übernehmen. Die Ausstattung mit der zentralen Verwaltung, einer Mittelpunktschule sowie einem Lebensmittelgeschäft, einer Metzgerei und zwei Bankfilialen ist hierfür einfach nicht ausreichend. Stattdessen ist sie hierin, wie auch hinsichtlich der Arbeitsstandorte ihrer Bewohner, fast ausschließlich auf die nur 12 km entfernte Kreisstadt bezogen. Der heutige Charakter Hofbiebers als Wohnvorort von Fulda läßt sich deutlich aus Abb. 5 ablesen. Die Großgemeinde ist mit 5 113 Einwohnern etwas größer als Hilders. Dagegen leben im zentralen Ortsteil mit 1 314 Einwohnern (1981) nur knapp 25%. Wie in Hilders kommen Bevölkerungszuwächse weitgehend der Kerngemeinde zugute. Hiervon zeugen die Neubaugebiete, die im deutlichen Kontrast zur alten Bausubstanz der meisten übrigen Ortsteile stehen. Anders als in der Nachbargemeinde jedoch führen hier Geburtenüberschüsse noch zu einer ausgeglichenen Bilanz der natürlichen Bevölkerungsentwicklung.

Die notwendigen Impulse für einen gewissen Ausgleich des völlig unzureichenden Arbeitsplatzangebotes am Ort vermag auch der Fremdenverkehr nicht zu geben, trotz Hofbiebers typischer Talmuldenlage innerhalb der reizvollen Umgebung einer kuppigen, teilweise bewaldeten Hügellandschaft. Die optimistischere Prognose der DGL-Studie (DORFENTWICKLUNG HOF-

BIEBER, S. 26ff.) wird durch die im Vergleich zu Hilders geringe Zahl von 32 892 Übernachtungen im Jahr 1981 keineswegs bestätigt. Zwar ist in Gemarkungsrandlage ein privates Feriendorf entstanden, aber es fehlen ein ergänzendes freizeitbezogenes Angebot sowie eine entsprechende Versorgungsausstattung. Darüberhinaus ist das Ortsbild Hofbiebers stärker durch inhomogene Objektsanierungen und das Fehlen eines echten Ortskerns charakterisiert als durch Elemente, die den Einheimischen und vor allem den Fremden eine emotionale oder visuelle Identifikation erleichtern.

2.3. Die Untersuchungsgemeinde Mudau

Die Großgemeinde Mudau gehört zum Neckar-Odenwald-Kreis. Er ist als einzige Gebietskörperschaft Baden-Württembergs Bestandteil des Aktionsprogramms GRW. Die hierdurch belegte Strukturschwäche äußert sich vor allem in ungünstigen Erwerbs- und Verdienstmöglichkeiten (vgl. MATERIALIEN ZUR WIRTSCHAFTLICHEN UND SOZIALEN ENTWICKLUNG DES NECKAR-ODENWALD-KREISES). So führte beispielsweise die Schließung einiger großer Betriebe, vor allem im Raum Mosbach, zwischen 1976 und 1977 zu einem Tiefpunkt der Arbeitsmarktlage, die sich erst 1979 wieder auf den Stand von 1974 einpendelte. Die strukturelle Schwäche des Verarbeitenden Gewerbes läßt sich, gemessen am Landesmittel, an unterdurchschnittlichen Industriedichten, niedrigen Industrieumsätzen je Beschäftigten sowie überdurchschnittlich hohen Anteilen des Baugewerbes ablesen. Dementsprechend rangiert der Neckar-Odenwald-Kreis auch hinsichtlich des Bruttosozialproduktes je Kopf der Wirtschaftsbevölkerung weit unter dem Wert des Bundeslandes. Die Beschäftigten im Verarbeitenden Gewerbe haben die niedrigsten Einkommen aller 44 baden-württembergischen Stadt- und Landkreise. Demographische Auswirkungen zeigen sich - ähnlich wie im Landkreis Fulda - in starken Wanderungsverlusten der Altersgruppen zwischen 18 und 25 Jahren.

Die Gemarkung Mudau grenzt im W an Hessen und im N an Bayern. Diese periphere Lage im Hinteren Odenwald, abseits der Durchgangsstraßen und Entwicklungsachsen, ist mitverantwortlich dafür, daß sie zur Problemgemeinde des Kreises wurde. In den ehemals 9 selbständigen Ortsteilen wohnten 1981 noch insgesamt 4 673 Einwohner, davon ca. 4o% in der Kerngemeinde. Allein in den letzten 10 Jahren verlor Mudau 455 Einwohner (- 5,7%). Ursache hierfür ist eine hohe Abwanderung, bedingt durch das Fehlen von Arbeitsplätzen sowohl in der Gemeinde als auch in den angrenzenden Mittelbereichen Buchen und Mosbach (VORPLANUNG ZUR LANDENTWICKLUNG MUDAU 1980, S. 7ff. sowie STRUKTUR UND ENTWICKLUNGSBILD DER GEMEINDE MUDAU 1981). 1970 befanden sich von den nur 994 örtlichen Arbeitsstätten 713 in der Kerngemeinde. Mit 49,5 % am stärksten vertreten war das Produzierende Gewerbe vor dem Dienstleistungssektor (29,5%) sowie Handel und Verkehr (21%). Während der Industriebesatz der Gemeinde deutlich unter dem Wert des Kreises liegt, ist Mudau relativ gut mit Handwerksbetrieben ausgestattet. Dennoch ist der überwiegende Teil der Erwerbstätigen zum Pendeln über längere Distanzen gezwungen, denn auch unter den 378 landwirtschaftlichen Betrieben des Jahres 1977 wurden nur 79 im Vollerwerb bewirtschaftet.

Auch im Infrastrukturbereich entspricht die Ausstattung keineswegs den Erfordernissen eines Kleinzentrums. Zwar ist die Tagesversorgung der Bevölkerung durch ein entsprechendes Einzelhandelsangebot gesichert, aber es mangelt an Geschäften, die den mittelfristigen Bedarf decken. Drei Kindergärten, zwei Grund- und eine Hauptschule sind nahezu die einzigen Einrichtungen der öffentlichen Infrastruktur.

Von bescheidener wirtschaftlicher Bedeutung ist neben der angesprochenen zentralörtlichen Funktion der Kerngemeinde auch der Fremdenverkehr. Ein bemerkenswertes Angebot an preisgünstigen Übernachtungs- und Restaurationsbetrieben sowie das ganzjährig geöffnete Sanatorium Waldleiningen prägen den Charakter der Gemeinde als Ferien- und Kurzentrum im Naturpark Bergstraße-Odenwald. Im Fremdenverkehrsjahr 1979/80 wurden ca. 68 000 Übernachtungen gezählt. Die mittlere Verweildauer ist mit 15 Tagen nahezu dreimal so lang wie beispielsweise in Hilders. Unzureichende Kapazitätsauslastungen im Winter verhindern jedoch eine Ausweitung dieses Wirtschaftszweiges und damit die Schaffung neuer Arbeitsplätze.

3. Auswertung der Pretests

3.1. Pretest Hilders/Hofbieber(Rhön)

3.1.1. Aufgabenstellung

Im Rahmen der unter 1.3. formulierten Zielsetzungen bestand die Aufgabe des ersten Pretests darin, die Wahrnehmung und Bewertung der Arbeits- und Lebensbedingungen von Bewohnern einer ländlich-peripheren Region zu erfassen. Als deren zentrales Problem wurden Abwanderungsbewegungen und damit einhergehende soziale Erosionsprozesse gesehen. Herausgefunden werden sollte zum einen, in welcher Weise Abwanderungsbewegungen von den Betroffenen wahrgenommen und gedeutet werden. Zum zweiten galt es zu analysieren, wie die konkreten Bedingungen der räumlichen Umwelt insgesamt gesehen und bewertet werden. Aus der Gegenüberstellung von Wahrnehmung und Bewertung sollten Hinweise gewonnen werden im Hinblick auf die Faktoren, die das Raumverhalten prägen. Die Raumwahrnehmung und Raumbewertung wurden anhand folgender Themenkomplexe erfaßt:

Raumwahrnehmung

- Abwanderungsproblematik
- Beschreibung der Arbeits- und Lebensbedingungen
- Image der Rhön

Raumbewertung

- Vor- und Nachteile des Wohnortes
- Bewertung der Ausbildungs- und Arbeitssituation
- Bewertung der Wohnsituation
- Bewertung der Infrastruktureinrichtungen
- Einschätzung der Rolle des Fremdenverkehrs.

3.1.2. Durchführung des Pretests

Grundlage des Pretests war ein offener Fragebogen. Hierdurch sollte ein möglichst breites Spektrum an Antworten erfaßt werden. Basierend auf den Ergebnissen des Pretests soll für die Hauptuntersuchung ein strukturierter Fragebogen mit vorgegebenen Antwortmöglichkeiten entwickelt werden.

Die Handhabung eines offenen Fragebogens ist schwierig und setzt intensive Interviewerfahrung voraus. Dies war bei der Mehrzahl der Studenten, die die Interviews durchführten, nicht gegeben. Um jene Schwierigkeiten zu reduzieren, erfolgten die Interviews jeweils zu zweit. Es wurden insgesamt 47 Interviews durchgeführt: 25 in Hilders, 22 in Hofbieber. Die Zufälligkeit der Auswahl der Befragten konnte gewährleistet werden, indem jeweils das dritte Haus in einer Straße in die Studie einbezogen wurde.

3.1.3. Methodische Probleme der Auswertung

Da im Pretest mit einem offenen Fragebogen gearbeitet wurde, mußten für die Auswertung Kategorien entwickelt werden, welche die je verschiedenen Aussagen der Befragten zusammenfaßten. Bei einer qualitativen Analyse von empirischen Materialien ergibt sich häufig das Problem, der Vielfältigkeit der Meinungen und Bewertungen Rechnung zu tragen. Gleichzeitig ist die Vergleichbarkeit der Aussagen mit zu reflektieren. Unter Berücksichtigung dieser beiden Aspekte - Vergleichbarkeit unter Erhaltung der inhaltlichen Qualität der Interviews - fand zunächst eine gründliche Auswertung der einzelnen Fragen statt. In einigen Fällen erschien es aufgrund der Materiallage sinnvoll, mehrere Fragen einem Themenkomplex zuzuordnen, d.h. im Zusammenhang auszuwerten. Im nächsten Arbeitsschritt wurden die am häufigsten genannten Aspekte zu qualitativ verschiedenen Kategorien (Dimensionen) zusammengefaßt. Auf Prozentuierung wurde aufgrund der relativ geringen Größe des Samples weitestgehend verzichtet. Das gleiche gilt für korrelative Berechnungen, d. h. die vorliegende Auswertung ist qualitativ orientiert.

3.1.4. Darstellung der Ergebnisse

3.1.4.1 Wahrnehmung und Interpretation der Abwanderungsproblematik

Insgesamt 21 von 47 Befragten haben davon gehört bzw. erlebt, daß Bewohner aus der Umgebung (Rhön) fortziehen. Offensichtlich hat die Situation am Wohnort einen entscheidenden Einfluß auf die Wahrnehmung und Interpretation der Abwanderungsproblematik.

Tab. 2: Einschätzung der Wanderungsproblematik

Fragen:

1. Man hört, daß in den letzten Jahren viele Leute von hier fortgezogen sind. Stimmt das?
2. Wie erklären Sie sich das?

	Hilders (N=25)	Hofbieber (N=22)	Gesamt (N=47)
Ja, viele Leute ziehen fort	18	3	21
Nein, Abwanderung ist zum Stillstand gekommen, eher Zuzug	7	19	26

Nur 3 von 22 Befragten aus Hofbieber, aber 18 von 25 Befragten aus Hilders haben die Erfahrung gemacht, bzw. gehört, daß Bewohner aus der Umgebung abwandern. Als Begründung stehen eindeutig die ungünstige Arbeitsmarktsituation sowie die damit verbundenen langen Arbeitswege im Vordergrund. Diese Bewertung gibt die realen Bedingungen vor Ort deutlich wieder: Während ein großer Teil der Erwerbstätigen von Hilders etwa 3o km bis Fulda pendeln muß, ist die Situation für diejenigen aus Hofbieber wesentlich günstiger (ca. 12 km). Hinzu kommt, daß die Anbindung an die öffentlichen Verkehrsmittel in Hofbieber ebenfalls besser ist als in Hilders (vgl. Kap. 2.2.2.).

Fast die Hälfte von denjenigen, die meinen, die Abwanderungsbewegungen seien zum Stillstand gekommen, können sich dennoch vorstellen, daß vor allem Jugendliche aus der Region abwandern wollen.

Tab. 3: Verständnis für Abwanderungswünsche

Frage:

Können Sie sich vorstellen, daß es Leute gibt, die gern hier wegziehen würden?

	Hilders (N=7)	Hofbieber (N=19)	Gesamt (N=26)
Ja, kann Abwanderung verstehen	3	9	12
Nein, kann A. nicht verstehen	4	10	14

Befragte, die sich nicht vorstellen können, daß Bewohner der Umgebung von Hilders (4) oder Hofbieber (10) abwandern, weisen zum einen darauf hin, daß sich in der Bevölkerung ein Strukturwandel vollzogen habe. So sei beispielsweise zu beobachten, daß nach Hilders Lehrer gezogen seien, während Arbeiter fortgingen. Schließlich wird berichtet, daß viele Erwerbstätige aufgrund ihrer günstigen Wohnsituation (Eigenheim) nicht fortziehen wollen und daher pendeln. Vor allem Bewohner von Hofbieber orientieren sich nach Fulda und sehen dort zufriedenstellende Arbeitsmöglichkeiten; das erklärt unter anderem ihre geringe Bereitschaft, Abwanderungsprobleme wahrzunehmen. Hinzu kommen die relativ günstigen Baulandpreise und die recht positiv bewerteten Freizeitmöglichkeiten dieses Luftkurortes. (Offensichtlich wird das Angebot etwas überschätzt. Vgl. Kap. 2.2.2.). Beide Aspekte begünstigen nach Auffassung der Befragten den Zuzug von Stadtbewohnern (Fulda) nach Hofbieber.

Die meisten Befragten, die keine Abwanderungsproblematik sehen, geben an, daß der Schwerpunkt der Abwanderungsbewegungen zwischen 1948 und 1960 gelegen habe. Seitdem sei eine Stagnation in der Bevölkerungsentwicklung eingetreten, d.h. in einigen Orten Zuzug z.T. junger, kinderreicher Familien wie in Hofbieber, oder Überalterung z.T. durch Zuzug alter Menschen wie in Hilders. Häufig wird auch darauf verwiesen, daß Hilders und Hofbieber keine typischen, von Abwanderungsproblemen bedrohten Gemeinden seien. Vielmehr gäbe es "viel schlimmere" Ortschaften.

3.1.4.2. Arbeits- und Lebensbedingungen

Um herauszufinden, welches Bild die Bewohner von ihrer Umgebung haben, wurden sie zunächst gebeten, einem Ortsfremden die dortigen Arbeits- und Lebensbedingungen zu schildern. Des weiteren wurde die Versorgung mit Infrastruktureinrichtungen wie Schulen, Verkehrswegen, Geschäften, Krankenhäusern (Ärzten), Freizeitangeboten sowie die Wohnsituation thematisiert. Schließlich wurden die Ausbildungs- und Arbeitsplatzsituation ausführlich erörtert. In der abschließenden Frage nach Vor- und Nachteilen des jeweiligen Wohnortes wurden die verschiedenen Aspekte gegeneinander abgewogen und bewertet. Die Verbesserungswünsche geben Hinweise auf spezifische lokale bzw. regionale Defizite. Aufgrund der Schilderungen lassen sich Konturen eines Bildes erkennen, das relativ eindeutig ist: Die Mehrzahl der Befragten (27 von 47) bewertet die regionalen Arbeitsbedingungen schlecht, die Lebensbedingungen jedoch gut.

- Lebensbedingungen

Die Befragten beider Untersuchungsgemeinden sind mit der schulischen Versorgung zufrieden (vgl. Strukturanalyse, Kap. 2.2.2.). Auch die ärztliche Versorgung wird übereinstimmend als ausreichend bewertet.

Die Abwechslungsmöglichkeiten in der Freizeit werden einerseits als vielseitig bezeichnet. Aufgrund der nach Ansicht der Befragten zu hohen Eintrittspreise werden die entsprechenden Einrichtungen jedoch primär von Touristen genutzt. In beiden Orten werden vor allem kulturelle Angebote (Theater, Kino: 20 Nennungen) vermißt sowie Einrichtungen für Jugendliche (ebenfalls 20 Nennungen).

Im Hinblick auf die Bewertung von Wohnsituation, Einkaufsmöglichkeiten und Verkehrsverbindungen werden ortsspezifische Differenzen deutlich: Die Wohnsituation erscheint in Hofbieber ungünstiger als in Hilders. So meint jeder zweite Befragte aus Hofbieber, daß es zu wenig Wohnungen gebe, einige fügen hinzu, auch zu wenig Bauland. Begründet wird der Mangel an Wohnungen mit dem Hinweis, daß viele Bewohner zunehmend an Feriengäste statt an "Dauermieter" vermieten. Demgegenüber beurteilt die große Mehrheit der Bewohner von Hilders (21 von 25) die Wohnsituation als günstig.

Gemäß den örtlichen Bedingungen werden die Einkaufsmöglichkeiten bewertet. Alle Befragten aus Hilders decken ihren täglichen Bedarf im Ort. Sie sind mit den Einkaufsmöglichkeiten zufrieden, zumal auch Textilien in Hilders gekauft werden können. Nur um größere Anschaffungen zu tätigen, wie z.B. Möbel oder "Spezielles", fahren sie nach Fulda. Einige Befragte bestellen über den Versandhandel. Wegen der fehlenden Auswahl an Lebensmittelgeschäften in Hofbieber geben nur 5 von 22 Befragten an, ihren täglichen Bedarf im Ort zu decken. Die große Mehrheit fährt hierzu und für den Einkauf langlebiger Güter nach Fulda.

Der günstigen Wohnsituation und besseren Versorgung mit Geschäften für den täglichen und längerfristigen Bedarf stehen indes nicht zufriedenstellende V e r k e h r s v e r b i n d u n g e n in Hilders gegenüber. So wird vor allem die unzureichende Versorgung mit öffentlichen Verkehrsmitteln beklagt. Die Erwerbstätigen sind auf einen Pkw angewiesen und müssen entsprechend hohe Kosten bzw. viel Zeit für den Weg zum Arbeitsplatz aufwenden. Demgegenüber können die Bewohner von Hofbieber in relativ kurzer Zeit entweder mit öffentlichen Verkehrsmitteln oder mit dem Pkw Fulda erreichen.

- Arbeitsbedingungen

Die Aussagen zur A r b e i t s p l a t z s i t u a t i o n vor Ort und in der näheren Umgebung zeichnen ein drastisches Bild von den unzureichenden Beschäftigungs- und Verdienstmöglichkeiten der Bevölkerung: So geben 41 von 47 Befragten an, das Arbeitsplatzangebot sei zu begrenzt.

Tab. 4: Beschäftigungsmöglichkeiten am Ort/ in der näheren Umgebung

Frage:
Was meinen Sie: Gibt es hier in ... oder in der näheren Umgebung genügend Arbeitsplätze?

	N=47
Nein, es gibt nicht genügend Arbeitsplätze	41
Ja	2
Weiß nicht/keine Angaben	4

Die Nachfragen zu den Beschäftigungsmöglichkeiten von Facharbeitern, Ungelernten und Frauen geben einen differenzierten Einblick in die Betroffenheit verschiedener Gruppen von Erwerbstätigen. Relativ am günstigsten ist die Arbeitsmarktsituation für F a c h a r b e i t e r . Sie können zwar vor

Ort nur in einer oder wenigen Branchen eine Beschäftigung finden, es bietet sich ihnen jedoch noch der Fuldaer Arbeitsmarkt an. Diese Ausweichmöglichkeit dürfte allerdings begrenzt sein: So sehen 12 von 47 Befragten "keine" bzw. "kaum" Beschäftigungsmöglichkeiten für Facharbeiter.
Die Arbeitsplatzsituation der U n g e l e r n t e n wird noch ungünstiger bewertet als die der Facharbeiter. Ihre Chance, einen Arbeitsplatz zu finden, ist wesentlich schlechter, da in Hilders und Hofbieber kaum Betriebe mit einem entsprechenden Angebot vorhanden sind. Es gibt allenfalls saisonale Beschäftigungsmöglichkeiten. Hinzu kommt, daß nach Aussagen der Befragten das Arbeitsplatzangebot in Fulda für Ungelernte ebenfalls unzureichend ist.
Mit Abstand am schlechtesten sind nach den vorliegenden Untersuchungsergebnissen die Arbeitsmarktbedingungen für F r a u e n . Mit Schließung der Nähereien in Hilders haben sich industrielle Arbeitsplätze für Frauen vollkommen erschöpft, übrig bleiben Putzstellen in Schulen, was auch für Hofbieber gilt. Als Ausdruck dieser desolaten Situation kann angesehen werden, daß es für die genannten Putzstellen bereits Wartelisten gibt. Der Ausbau von Ferienwohnungen kann somit als Versuch interpretiert werden, eine Nebenverdienstquelle zu schaffen.
Den real gegebenen unzureichenden und als solche wahrgenommenen Arbeitsmöglichkeiten korrespondiert ein niedriges Lohnniveau. Die große Mehrzahl der Befragten geht von der Annahme aus, daß man woanders - sogar schon in Fulda - besser verdient als vor Ort. Dabei dürften auch Sozialleistungen der Betriebe ins Gewicht fallen. Typisch erscheint die Aussage: "Viel Arbeit, wenig Geld". Zwar wird von einigen darauf hingewiesen, daß die Lebenshaltungskosten auf dem Land niedriger seien als in der Stadt. Dem ist indes entgegenzuhalten, daß aufgrund der weiten Anfahrtswege zur Arbeit hohe Fahrtkosten entstehen.
Die beruflichen Q u a l i f i z i e r u n g s m ö g l i c h k e i t e n f ü r J u g e n d l i c h e sind als außerordentlich defizitär zu bezeichnen. Damit bestätigt die Befragung objektive Daten.

Tab. 5: Ausbildungsplätze in der Region

Frage:
Gibt es nach Ihrer Erfahrung genügend Lehrstellen in dieser Region?

	(N=47)
Nein, es gibt nicht genügend Ausbildungsplätze	45
Ja	2

Daß die Arbeits- und Qualifizierungsbedingungen der Frauen außerordentlich negativ zu bewerten sind, wird bestätigt bzw. verstärkt durch die geschlechtsspezifischen Ausbildungsmöglichkeiten, die insgesamt als reduziert und mangelhaft beschrieben werden; so wird - insbesondere von Befragten aus Hilders - betont, daß es für Mädchen keine Lehrstellen gebe.

- Vor-_und_Nachteile_der_Wohnumwelt

Aus der Sicht der Befragten überwiegen - insgesamt betrachtet - die positiven Seiten. Als Indiz hierfür kann gesehen werden, daß niemand "keine Vorteile", aber immerhin 9 Befragte "keine Nachteile" nennen.

Tab. 6: Vorteile der Wohnumwelt (Mehrfachnennungen)

Frage:
Wenn man alles zusammennimmt, welche Vor- und Nachteile hat man Ihrer Meinung nach, wenn man hier lebt? Was gefällt Ihnen besonders?

	Hilders (46 MN)	Hofbieber (43 MN)	Gesamt (89 MN)
Ruhe, Natur, gesundes Leben	17	15	32
Gemeinschaft, Nachbarn, Heimat, keine Anonymität	14	10	24
Vereinsleben	4	7	11
Freizeitangebot	4	4	8
Schulische Situation	4	4	8
Wohnsituation	3	3	6

Die mit Abstand am häufigsten genannten Vorteile sind - unabhängig vom Ort - Ruhe, Natur sowie die guten nachbarschaftlichen Beziehungen (vgl. Pretest Mudau, Kap. 3.2.3.).

Bei den Nachteilen werden die bereits geschilderten Unterschiede in der konkreten Lebenssituation deutlich. Erheblich mehr Bewohner von Hilders als von Hofbieber beklagen die Arbeitsmarktsituation, die weiten Anfahrtswege sowie die "Trostlosigkeit" des Zonenrandgebietes.

Tab. 7: Nachteile der Wohnumwelt (Mehrfachnennungen)

Frage:
Was gefällt Ihnen weniger?

	Hilders (33 MN)	Hofbieber (21 MN)	Gesamt (54 MN)
Arbeitssituation, Pendeln, hohe Fahrtkosten	14	6	20
Trostlos, einseitige wirtschaftliche Orientierung durch das Zonenrandgebiet	10	1	11
Schlechte Bahn- und Busverbindungen	5	4	9
Mangelndes kulturelles Angebot	4	4	8
Fehlende Jugendeinrichtungen	-	3	3
Fehlende Kaufhäuser (höherwertige Konsumgüter)	-	3	3
Keine Nachteile	3	6	9

Insgesamt gesehen scheinen die Nachteile indes nicht so gravierend bewertet zu werden, als daß umfassende Maßnahmen zur Verbesserung der Arbeits- und Lebensbedingungen gefordert wurden: Die Vorschläge zur Verbesserung der Arbeits- und Lebensbedingungen bzw. zur Steigerung der Attraktivität der Rhön sind zwar vielfältig, werden z.T. jedoch nur punktuell, d.h. von 2 oder 3 Befragten vertreten. Abgesehen von der Arbeitsplatzsituation und den Verdienstmöglichkeiten scheint die große Mehrzahl der Befragten relativ "zufrieden" zu sein.

3.1.4.3. Raumimage

Nur 7 von 47 Befragten meinen, daß die Rhön ein eindeutig negatives Image hat. Jeder zweite vertritt die Auffassung, daß sich das Image durch den Fremdenverkehr und die entsprechende Werbung verbessert habe.

Tab. 8: Image der Rhön

Frage:
Was meinen Sie: Was denkt man in der Bundesrepublik über die Rhön?

	N=47
Negativ	7
Zunehmend positiv	23
Positiv	14
Keine Angabe	3

In einigen Gesprächen wurde bemängelt, daß die Rhön bei den Einheimischen noch nicht genügend als Erholungsgebiet bekannt sei. Des weiteren habe vor allem die Jugend ein "falsches", d.h. negatives Bild von der Rhön.

3.1.4.4. Bedeutung des Fremdenverkehrs als ökonomischer Faktor

Die abschließende Frage nach der Rolle des Fremdenverkehrs zeigt folgendes Ergebnis: Insgesamt 2/3 der Befragten vertreten die Meinung, daß der Fremdenverkehr die wirtschaftliche Situation in der Rhön verbessern könne bzw. bereits verbessert habe (vor allem in Hilders). 1/3 der Befragten beurteilen dessen Möglichkeiten jedoch skeptisch. Sie weisen darauf hin, daß der Fremdenverkehr lediglich eine Nebenerwerbsmöglichkeit biete.

Tab. 9: Bedeutung des Fremdenverkehrs

Frage:
Meinen Sie, daß der Fremdenverkehr die wirtschaftliche Situation der Rhön verbessern kann?

	Hilders (N=25)	Hofbieber (N=22)	Gesamt (N=47)
Ja, Fremdenverkehr kann Situation verbessern	21	11	32
Nein, Fremdenverkehr kann Situation nicht verbessern	4	11	15

In Hilders, das schon seit vielen Jahren Luftkurort ist, wird die Rolle des Fremdenverkehrs positiver eingeschätzt als in Hofbieber: Nur jeder fünfte Befragte aus Hilders, aber jeder zweite Befragte aus Hofbieber verneint die Annahme, der Fremdenverkehr könne die ökonomische Situation der Region verbessern.

3.1.5. Zusammenfassung

Der Pretest hatte die Bearbeitung zweier Themenschwerpunkte zum Ziel. Erstens sollte herausgearbeitet werden, wie die Bewohner eines ländlich-peripheren Gebietes ihren Lebensraum bewerten. Zweitens sollten aus dem empirischen Material Faktoren und/oder Bedingungen entwickelt werden, die Aufschlüsse geben können über das Raumverhalten der Befragten.

Die Untersuchung der Wahrnehmung und Interpretation der Lebens- und Arbeitsbedingungen hat zum einen ortsspezifische Differenzen aufgezeigt. Im Hinblick auf Raumwahrnehmung und Raumbewertung kann aus diesem Arbeitsergebnis die Notwendigkeit einer differenzierten, kleinräumlichen Analyse abgeleitet werden.

Darüberhinaus wurde deutlich, daß objektive Lebensbedingungen und ihre subjektiven Wertungen in einem engen Zusammenhang stehen. So spiegelt beispielsweise die negative Bewertung der Arbeitsmarktsituation reale Gegebenheiten wider. Andererseits werden die negativen Aspekte in der Gesamtwertung relativiert durch die positive Einstellung zu den Lebensbedingungen wie Wohnsituation, Umwelt etc.. Vor diesem Hintergrund wird die Zufriedenheit der Betroffenen mit ihrem Lebensraum verständlich.

Verallgemeinerbare Aussagen über Bedingungszusammenhänge des Raumverhaltens können aufgrund der Ergebnisse des Pretests noch nicht getroffen werden. Das vorliegende Material kann jedoch dahingehend interpretiert werden, daß das Niveau der Ansprüche der Betroffenen an "Lebensqualität" einen Einfluß hat auf das Raumverhalten. So fällt z.B. auf, daß sehr beschwerliche und lange Arbeitswege in Kauf genommen und einem Ortswechsel vorgezogen werden. Inwieweit das Raumverhalten durch regionsspezifische Wertmuster geprägt wird, soll im weiteren Verlauf des Forschungsprojekts untersucht werden.

3.2. Pretest Mudau (Odenwald)

3.2.1. Aufgabenstellung

Die Konzeption dieses zweiten Pretests basiert auf den Ergebnissen und Erfahrungen der in der Rhön durchgeführten empirischen Erhebung. Als Untersuchungsort wurde das im Hinteren Odenwald gelegene badische Mudau ausgewählt, da Mudau - ähnlich wie Hilders in der Rhön - als eine ländlich-periphere Gemeinde bezeichnet werden kann. Von folgenden Zielsetzungen wurde ausgegangen:
- Erprobung neuer Instrumente
- Erarbeitung ländlicher Wertmuster
- Vergleich mit ausgewählten Fragen des ersten Pretests.

3.2.2. Durchführung und Auswertung des Pretests

Grundlage des Pretests war ein Fragebogen mit teils offenen, teils geschlossenen Fragen. Es wurden 54 Bewohner befragt, wobei 32 in der Kerngemeinde Mudau wohnten und 22 in den eingemeindeten Ortschaften Langenelz, Donebach und Schlossau. Die Interviews wurden aufgrund der positiven Erfahrungen des ersten Pretests zu zweit durchgeführt. Da in der Rhön zu wenig junge Leute befragt wurden, baten wir die Interviewer, auf eine gleichmäßige Altersverteilung zu achten. Diese Vorgehensweise erschien uns legitim, da im Rahmen eines Pretests eine repräsentative Auswahl des Samples vernachlässigt werden kann. Die Sozialdaten und die Aussagen der Befragten wurden codiert und für die EDV (SPSS) entsprechend aufbereitet. Im Hinblick auf die im Sommer dieses Jahres stattfindende Hauptbefragung wurden verschiedene Anwendungsmöglichkeiten geprüft.

3.2.3. Erprobung neuer Instrumente

Um die Bewertung der Wohnumwelt zu erfassen, wurden die Befragten gebeten, ausgewählte Arbeits- und Lebensbedingungen (14 Aspekte) mit Zensuren von 1 bis 5 zu benoten. Die Verteilung der Noten weist deutlich auf negative und positive Merkmale der Gemeinde hin, so daß wir davon ausgehen, daß mit dieser Methode das Meinungsprofil der Befragten relativ differenziert abgebildet werden kann.

Tab. 10: Benotung der Wohnumwelt

Frage:
Wenn Sie Noten vergeben dürften, wie würden Sie die nachfolgenden Punkte in Ihrer Gemeinde und näheren Umgebung bewerten? (Noten von 1-5, wie in der Schule)

	1	2	3	4	5	Mean
öffentl. Nahverkehr	-	3	8	17	25	4,296
Kulturelles Angebot	-	5	10	15	22	4,222
Arbeitsplatzangebot	-	3	16	14	19	4,130
Lehrstellenangebot	-	6	17	10	19	4,000
Einkauf längerfristig	1	8	16	15	14	3,611
Ärztliche Versorgung	2	7	16	19	9	3,593
Einrichtungen f. Jugend	1	15	15	11	10	3,481
Schulische Versorgung	1	24	19	7	2	2,833
Freizeitangebote	8	24	10	4	7	2,704
Einkauf täglich	2	28	16	8	-	2,556
Umweltbedingungen	9	30	6	3	6	2,389
Nachbarsch. Beziehungen	8	28	13	2	3	2,333
Vereinsleben	16	29	7	-	1	2,019
Schönheit des Dorfes	17	28	7	2	-	1,889

Die Bereiche öffentlicher Nahverkehr, kulturelles Angebot, Arbeitsplatz- sowie Lehrstellenangebot werden am schlechtesten bewertet: Mehr als die Hälfte der Nennungen entfällt auf die Noten 4 und 5. Einen mittleren Rang nehmen schulische und ärztliche Versorgung, Einrichtungen für Jugendliche sowie Einkaufsmöglichkeiten für den täglichen Bedarf ein. Am besten schneiden Schönheit des Dorfes, Umweltbedingungen, nachbarschaftliche Beziehungen und Vereinsleben ab: Diese Merkmale werden am häufigsten mit 1 und 2 benotet.

Um herauszufinden, welche Ansprüche die Befragten an einen "idealen" Wohnort haben, wurden ihnen 8 Kriterien eines "idealen" Wohnortes genannt und sie sollten davon drei auswählen, die ihnen besonders wichtig seien. Die Untersuchungsergebnisse zeigen deutlich Konturen eines Prioritätenprofiles.

Tab. 11: Idealer Wohnort (N=31)

Frage:
Wenn Sie sich einen idealen Wohnort aussuchen könnten, was wäre für Sie besonders wichtig, worauf könnten Sie am ehesten verzichten? (Mehrfachnennungen: 3 Nennungen möglich)

	absolut	in % der Fälle
Nähe zum Arbeitsplatz	24	77,4
Gesunde Umwelt	19	61,3
Angenehme Wohngegend	14	45,2
Gute Einkaufsmöglichkeiten	11	35,5
Weiterführende Schulen	10	32,3
Gutnachbarschaftliche Beziehungen	7	22,6
Vertraute Umgebung	6	19,4
Städtische Vergnügungsmöglichkeiten	2	6,5

Bei der Auswahl eines "idealen" Wohnortes spielt der Wunsch nach städtischen Vergnügungsmöglichkeiten offensichtlich eine zu vernachlässigende Rolle. Vermutet werden kann, daß das vielfältige Vereinsleben die Bedürfnisse nach Unterhaltung und Kommunikation befriedigen kann. Auch gute nachbarschaftliche Beziehungen und eine vertraute Umgebung haben nach den vorliegenden Daten einen geringeren Stellenwert als beispielsweise weiterführende Schulen und gute Einkaufsmöglichkeiten.

Der Wunsch, den Arbeitsplatz in der Nähe zu haben, hat eindeutig Priorität. Bei der Interpretation dieses Ergebnisses ist zu berücksichtigen, daß explizit Anforderungen an einen "idealen" Wohnort thematisiert wurden. So kann von der Favorisierung der Nähe zum Arbeitsplatz nicht direkt auf die Mobilitätsbereitschaft der Befragten geschlossen werden. 46% der Befragten können sich vorstellen, aus der Gemeinde wegzuziehen, wobei als Motiv am häufigsten (64% der Nennungen) berufliche Gründe genannt werden. Viele "mobilitätsbereite" Mudauer fügen jedoch hinzu, daß sie nur sehr ungern ihre "Heimat" verlassen würden. Die folgenden Ausführungen über "ländliche Wertmuster" verdeutlichen die Existenz mobilitätshemmender Orientierungen.

3.2.4. Ermittlung "ländlicher Wertmuster"

Schon die Untersuchungsergebnisse des ersten Pretests ließen erkennen, daß sich Orientierungen und Wertmuster der Bevölkerung in ländlich-peripheren Regionen von denen der städtischen Bevölkerung unterscheiden. Um diese Annahme zu überprüfen, sollten die Vorstellungen vom "typischen" Leben in der Stadt bzw. auf dem Land erfragt werden. Die Operationalisierung dieser Thematik bereitete Schwierigkeiten. Auf die Frage nach dem "typisch ländlichen Leben" antworteten die meisten Befragten mit "Ruhe", "gute Luft" und "gute Nachbarschaft". Die Aussagen zum "typisch städtischen Leben" beinhalteten die Umkehrung der Beschreibung des ländlichen Lebens: Entweder sagten die Befragten, das Leben in der Stadt sei genau das - negative - Gegenstück zum Leben auf dem Land, oder es wurden "Lärm", "Streß", "Anonymität" als Merkmale angegeben. Offensichtlich wurden mit der Frage nach den typischen Lebensbedingungen in der Stadt nur selten positive Aspekte assoziiert. Um einen besseren Zugang zu dieser Thematik zu bekommen, wurde nach dem ersten Interviewtag folgende Veränderung des Fragebogens vorgenommen: Wir fragten nach den "Vorteilen" des städtischen Lebens. Die Untersuchungsergebnisse überraschten insofern, als erheblich mehr positive Aussagen zu verzeichnen waren als wir erwarteten.

Tab. 12: Vorteile des städtischen Lebens (N=29)

Frage:
Wenn Sie einmal das Leben in einer ländlichen Gemeinde mit dem Leben in der Stadt vergleichen: Welche Vorteile hat das Leben in der Stadt? (Mehrfachnennungen)

	absolut	in % der Fälle
Einkaufsmöglichkeiten	21	72,4
Kulturelles Angebot	18	62,1
Berufliche Chancen	13	44,8
Verkehrsverbindungen	9	31,0
Sonstige Vorteile	9	31,0

Wenngleich die Frage nach den Vorteilen dieses Ergebnis stark beeinflußt, so fällt dennoch auf, daß nur wenige Befragte "keine Vorteile" angeben. Die Nennungen machen deutlich, daß durchaus positive Aspekte wahrgenommen werden. Andererseits können die Beschreibungen des typisch städtischen Lebens dahingehend interpretiert werden, daß - insgesamt gesehen - die positiven Aspekte des Lebens auf dem Lande das Leben in der Stadt eher negativ, unattraktiv erscheinen lassen. Möglicherweise thematisiert die Frage nach typischen Merkmalen K l i s c h e e s, in die bereits relativ festgefügte Wertungen eingehen.

3.3. Ergebnisse im Vergleich

Ein Vergleich der untersuchten Regionen zeigt deutliche Übereinstimmungen: Die Arbeits- und Ausbildungsbedingungen werden - entsprechend der realen Situation - eindeutig negativ bewertet. Ähnlich ist es mit den weiten Anfahrtswegen, den Verkehrsverbindungen und dem kulturellen Angebot. Auch die Abwanderungspotentiale werden als ein Problem der jeweiligen Region gesehen. Je nach Ausstattungsgrad mit Infrastruktur - das belegen auch die Ergebnisse der inzwischen teilweise abgeschlossenen Haupterhebung - werden diese Aspekte mehr oder weniger negativ beurteilt. Schließlich gibt es offensichtlich neben den Gemeinsamkeiten durchaus ortsspezifische Differenzierungen sowohl in den objektiven Rahmenbedingungen als auch in deren subjektiver Wahrnehmung.

Demgegenüber werden die Umweltbedingungen und die sozialen Beziehungen als sehr positiv bewertet. Ein Indiz dafür sind die genannten Vorteile des Wohnortes wie Ruhe, Natur, gesundes Leben, Gemeinschaft, Nachbarschaft, "jeder kennt jeden". Die Vorstellungen vom "typischen" Stadtleben zeigen darüberhinaus, daß die Mehrzahl der Bewohner des ländlichen Raumes für ihren "Lebensraum" städtische Lebensbedingungen ablehnt, wobei durchaus Vorteile in den Arbeitsbedingungen, dem kulturellen Angebot und den Einkaufsmöglichkeiten gesehen werden . Die Tatsache, daß fast keiner der Befragten bereit ist, f r e i w i l l i g fortzuziehen (ausgenommen persönliche Gründe wie Heirat etc.),unterstützt diese Annahme. Die Untersuchungsergebnisse lassen die Interpretation zu, daß es "typisch ländliche" Ansprüche an Lebensqualität gibt. Mangelnde bzw. unzureichende Infrastrukturausstattung scheint nicht so sehr ins Gewicht zu fallen, daß sie eine Abwanderung aus der Region bewirkt. Das unzureichende Angebot an Arbeits- und Ausbildungsmöglichkeiten könnte jedoch zu weiteren Auszehrungen der Region führen. Regionsspezifische Differenzen dieser "ländlichen" Orientierungen konnten hier noch nicht festgestellt werden.

4. Zusammenfassung und Versuch eines weiterführenden Interpretationsrahmens

Bereits diese erste Zusammenstellung der Teilergebnisse der Pretests (vgl. 3.3.) erlaubt im wesentlichen drei vorläufige Aussagen, welche in der späteren Hauptuntersuchung auf ihre theoretische und methodische Validität zu überprüfen sind:

1. Die Bevölkerung der untersuchten ländlichen Teilgebiete weist ein hohes Maß an Zufriedenheit und Identifikation mit ihrem Lebensraum auf. Restriktive Rahmenbedingungen der Erwerbs- und Infrastrukturausstattung werden demgegenüber aus ihrer Sicht durch ökologische und soziale Vorteile ausgeglichen.

2. Wahrnehmung, Bewertung und Verhalten der Bewohnerschaft in bzw. gegenüber ihrer ländlich geprägten Umwelt lassen sich nicht allein durch die Auseinandersetzung mit realen, raumstrukturellen Faktoren erklären. Die bisher noch nicht ausreichend thematisierten Komponenten, die als tradierte Verhaltensweisen und Orientierungen umschrieben werden können, scheinen demgegenüber wesentliche Einflußgrößen zu sein.

3. Vermutet werden kann, daß im ländlichen Raum Bewertungsmuster existieren, daß die Bewohnerschaft eine regionale Identität besitzt und daß daraus resultierende unterschiedliche regionsspezifische Ansprüche und Verhaltensweisen vorhanden sind. Es bleibt der Hauptuntersuchung vorbehalten zu klären, inwieweit diese Orientierungen räumlich gebunden sind.

Während sich das erste Teilresultat unschwer aus den Ausführungen des vorigen Kapitels ergibt, sollen die beiden folgenden Aussagenkomplexe näher erläutert und stärker auf die Ausgangsfragestellung bezogen werden. So hat der letzte Aussagenkomplex - seine Bestätigung durch die Hauptuntersuchung vorausgesetzt - zweifellos weitreichende Konsequenzen für eine mögliche regionsorientierte Raumordnungspolitik. Nicht mehr die bisherige, weitgehend einheitliche, Betrachtung und Behandlung aller Regionen, sondern differenzierte regionale und lokale Analysen und Strategien scheinen erforderlich zu sein. Nur so kann die Gefahr einer Pauschalierung der tatsächlichen Probleme und ihrer unsachgemäßen Behandlung verhindert werden. Beispielsweise bedürfen die unterschiedlichen Auffassungen von Lebensqualität, die sich aus der unterschiedlichen Bewertung der räumlichen Umwelt ableiten lassen, differenzierte Strategien, um das Postulat der "gleichwertigen Lebensbedingungen" zu erfüllen. Ebenso würden erkennbare territorialspezifische Verhaltensweisen a n g e p a ß t e raumordnerische Maßnahmen erfordern. Der Grad der Abwanderungs- oder Bleibebereitschaft hängt eng mit dem Anspruchsniveau zusammen bzw. mit den Zuständen, die als noch zumutbar empfunden werden. Diese durchaus subjektiven Schwellen stärker als bisher zu berücksichtigen, wird eine der künftigen Aufgaben der regionalen Strukturpolitik sein.

Der zweite Aussagenkomplex weist mehr auf wissenschaftstheoretische Defizite hin, die im Rahmen der wahrnehmungs- und verhaltensorientierten Perspektive offensichtlich werden. Gemeint ist hier der Bereich, der grob den Sinnesorganen oder dem Wertesystem zugeschrieben wird. Er ist letztlich den raumwirksamen Entscheidungen und Aktivitäten vorgeschaltet (siehe dazu das durch R. WIESSNER 1978, S. 420 modifizierte Schema des Verhaltensablaufs von R.M. DOWNS 1970). Folgen wir den meisten bisherigen Arbeiten zum "behavioral approach", müßten auch wir an dieser Stelle den Forschungsprozeß unterbrechen und ihn erst dort wieder aufnehmen, wo es um die empirisch faßbaren Bewertungs- und Imageausprägungen, die Informationsvoraussetzungen sowie die registrierbaren raumwirksamen Aktivitäten in ihren jeweiligen Differenzierungen geht. Unberücksichtigt bliebe die Diskussion der Ursachen und Mechanismen des Selektionscharakters der Informationsauslese und der Filterung durch das Wertesystem, die in nahezu allen Arbeiten beinahe axiomatisch betont werden. Die übliche Ausklammerung der näheren Untersuchung dieser Aspekte wird meist damit begründet, daß diese Analyse von der Geographie ohnehin nicht zu leisten sei, da deren auf mittlere Maßstabsebene gerichteten Techniken wesentliche Wahrnehmungs- und Bewertungsvorgänge verborgen bleiben müßten (H. DÜRR 1979, S. 16). Dabei wird unterstellt, daß dieser Bereich innerhalb des Verhaltensablaufes von individuellen, physiologischen und psychologischen Bedingungen gesteuert wird. Auch hat man sich bisher nicht die Frage gestellt, weshalb denn diese als existent vorausgesetzten Wertesysteme überhaupt von den Betroffenen übernommen werden.

Unser Anliegen, w i d e r d i e b l a c k b o x i n d e r W a h r n e h m u n g s g e o g r a p h i e einen Erklärungsversuch zur Diskussion zu stellen, geht davon aus, daß hierdurch noch offene Fragen der Bewertung ländlich-peripherer Regionen beantwortet werden können. Hier wird die These vertreten, daß die Übernahme oder Ablehnung bestimmter Informationen und Wertesysteme durchaus von rationalen, wenn auch subjektiv bzw. gruppenspezifisch modifizierten Erwägungen mitbestimmt wird.

Im Gegensatz zu E. WIRTH (1981, S. 194), der den bisherigen wahrnehmungsorientierten Ansätzen in der Geographie die Kompetenz abstreitet, diese Forschungslücke ausfüllen zu können und in gleichzeitiger Aufgreifung seiner Anregung "nach Sinn, Zweck und Bedeutung von Handlungen" zu fragen, wird hier die Auffassung vertreten, daß es kein Nachteil für die angesprochene Problemstellung ist, die beschriebenen Selektionsmechanismen im Wahrnehmungs- und Bewertungsablauf nicht nachvollziehen zu können. Es ist demnach auch unnötig, die von der "environmental psychology" mit ihren Verfahren auf Mikroebene bisher nicht geleistete (leistbare ?) Analyse zu beklagen. Wenn wirklich der auch von H. DÜRR (1979) benannte Mesobereich Maßstab geographischer Forschungsinteressen ist, wird nicht die individuelle, psychologische, voluntaristische Disposition bedeutsam, sondern das Eingebundensein in den jeweiligen sozioökonomischen und raumbezogenen Kontext. Hierfür hat die bisherige sozialwissenschaftliche Forschung Erklärungsansätze geliefert, die indes u.W. bisher keine entsprechende Adaption gefunden haben.

Zur Überprüfung dieser These bieten sich Elemente des in der Soziologie seit langem zur Analyse von politischem Bewußtsein herangezogene Konstrukts "Gesellschaftsbild" als möglichen Erklärungsansatz an. Dabei geht die Soziologie übrigens ähnlich wie die Geographie davon aus, daß der einzelne seine Umwelt (gemeint ist dort die soziale Umwelt) nicht so sieht wie sie wirklich ist, sondern sich ein subjektives Bild von ihr macht (H.P. DREITZEL 1962). Erklärt wird diese Diskrepanz zwischen tatsächlicher und wahrgenommener Realität aus den unzureichenden Möglichkeiten des einzelnen, die Komplexität des gesellschaftlichen Seins zu durchschauen, weil sie aus seinem eigenen unmittelbaren Erlebnisbereich nicht hinreichend zu erklären ist. Er weiß nicht, was sich gleichsam "hinter den 7 Bergen" vollzieht. Da sie aber seine Existenz nachhaltig beeinflussen, sieht er sich gezwungen, "bildhafte Vorstellungen von den Wirkungszusammenhängen zu entwerfen" (S. HERKOMMER 1969, S. 209). Mit Hilfe seines Bildes von der Gesellschaft ist es ihm möglich, diese zu strukturieren und sich in ihr zu orientieren. Dies wiederum wird als ein wesentliches menschliches Grundbedürfnis angesehen. Gesellschaftsbilder, die gruppenspezifisch ausgeprägt sind (z.B. bei Arbeitern, Angestellten) und eine gewisse Dauerhaftigkeit besitzen, haben demnach die Funktion, dem einzelnen die soziale Orientierung zu erleichtern, indem sie irgendwie sinnfällig machen, was oft nicht unmittelbar erfahrbar ist (J. HABERMAS u.a. 1961; H. POPITZ u.a. 1957). Damit geben sie in normativer Weise Hinweise für soziales Verhalten, dienen als Bezugssysteme, Orientierungshilfen und Interpretationsschlüssel.

Übertragen auf die geographische Fragestellung der Wahrnehmung und Bewertung räumlicher Gegebenheiten werden z.B. von den Bewohnern des ländlichen Raumes R a u m b i l d e r benötigt, um ihre Position (Abwanderung oder auch Verharren) zu legitimieren. Informationen, die zur Störung dieser Rationalisierung beitragen, werden von den Betroffenen nicht in die Bewertung einbezogen. So erhält beispielsweise das durchaus bekannte breitere Möglichkeitsspektrum der Verdichtungsräume einen geringeren Stellenwert zugeordnet als die gute Nachbarschaft oder die landschaftlichen Vorzüge der heimischen Umgebung. Die eventuell noch stärkeren Bindungen durch Hausbesitz, Traditionen, Heimatgefühl können so durch "rationale" Argumente innerhalb ihres Raumbildes erklärt werden. Man kann nun begründen, weshalb 'man' hier bleibt und nicht wegzieht.

Demnach wird das raumwirksame Verhalten in ländlich-peripheren Gebieten nicht nur durch eine Reaktion auf die reale Situation bestimmt, sondern auch durch eine Reaktion auf das Bild, das man sich von dieser Raumsituation macht. Dabei spielt (wie beim Gesellschaftsbild) die gemeinsame Interessenlage (hier als Benachteiligte einer disparaten Raumentwicklung) eine Rolle, aber auch der Wunsch nach Orientierung und Verhaltenssicherheit. Der Zwang, die konkreten räumlichen Bedingungen zu organisieren, führt zu Raumbildern, die z.T. von der Realität abweichen. Sie sind keine objektiven Analysen der räumlichen Situation, da sie aber u.E. die raumwirksamen Bedürfnisse und Aktivitäten der Bewohner beeinflussen, werden sie selbst zu Faktoren der Veränderung von deren Situation.

LITERATURVERZEICHNIS

AGRARSTRUKTURELLE VORPLANUNG UND LANDSCHAFTSRAHMENPLANUNG HESSISCHE RHÖN 1970/71. 2.Stufe. Bad Homburg o.J.

AGRARSTRUKTURELLE VORPLANUNG HILDERS. 3.Stufe. Fulda o.J.

BOSSUNG, M.: Das Lebensniveau bäuerlicher Familien in den drei landschaftlichen Produktionsstandorten der Rhön. Wiesbaden 1974.

CHANCEN DES SOZIALEN AUFSTIEGS IN DEN TEILRÄUMEN DER BUNDESREPUBLIK DEUTSCHLAND. = Schriftenreihe des Bundesministers für Raumordnung, Bauwesen und Städtebau 06.045. Bonn 1980.

DER LANDKREIS FULDA. Hrsg. E. Stieler. Stuttgart/Ahlen 1971

DIE ZUKUNFT DES LÄNDLICHEN RAUMES
1. Teil: Grundlagen und Ansätze. = Forschungs- und Sitzungsberichte der ARL Bd. 66. Hannover 1971.
2. Teil: Entwicklungstendenzen der Landwirtschaft. = Forschungs- und Sitzungsberichte der ARL Bd. 83. Hannover 1972.
3. Teil: Sektorale und regionale Zielvorstellungen - Konsequenzen für die Landwirtschaft. = Forschungs- u. Sitzungsberichte der ARL Bd. 106. Hannover 1976.

DORFENTWICKLUNG HOFBIEBER. Bearbeiter DGL. Bad Homburg o.J

DOWNS, R.M. und D. STEA: Image and environment. Cognitive mapping and spatial behavior. Chicago 1973.

DOWNS, R.M.: Geographic space perception. Past approaches and future prospects. In: Progress in Geography 2/1970. S. 65-108.

DREITZEL, H.P.: Selbstbild und Gesellschaftsbild. Wissenschaftssoziologische Überlegungen zum Image-Begriff. In: Europäisches Archiv für Soziologie Bd. 3/1962.

DROTT, E.: Das obere Ulstertal mit Hilders als seinem Mittelpunkt. (Unveröffentlichte Staatsexamensarbeit am PI Darmstadt). Jugenheim 1958.

DÜRR, H.: Planungsbezogene Aktionsraumforschung. Theoretische Aspekte und eine empirische Pilotstudie. = Beiträge der ARL Bd. 34. Hannover 1979.

FUCHS, F.: Die Rhön - Wandlungen der Kulturlandschaft eines Mittelgebirgsraumes. In: Marburger Geographische Schriften 60/1973. S. 305-325.

GOULD, P.R. und R. WHITE: Mental Maps. Harmondsworth, Middlesex 1974.

HABERMAS, J. u.a.: Student und Politik. Neuwied 1961.

HEIDE, H.J.v.d.: Entwicklungsprobleme des ländlichen Raumes In: Beiträge der ARL Bd. 40. Hannover 1980. S. 27-36.

HENKEL, G. u.a.: Probleme und Potentiale peripherer Siedlungen. Das Beispiel Elsoff/ Nordrhein-Westfalen. In: Essener Geographische Arbeiten Bd. 1/1982. S. 163-207.

HERKOMMER, S.: Gesellschaftsbild und politisches Bewußtsein. In: Das Argument 50/1969. S. 208-222.

HERR, N.: Fulda und Osthessen. = Frankfurter Wirtschafts- und Sozialgeographische Schriften 23/1976.

HESSISCHE KREISZAHLEN I/1981. Hrsg. Statistisches Landesamt Wiesbaden.

HESSENREPORT 81. Wirtschaft Bevölkerung 1985-1990-1995. Hrsg. HLT. Wiesbaden 1981.

HEYMEL, H.: Wirtschaftsstruktur. Mittelständler in gesunder Vielfalt. In: Handelsblatt 26.9.80. S. 25-26.

HÜBLER, K.-H.: Ziele, Maßnahmen, Ergebnisse - Eine kritische Beurteilung. In: Forschungs- und Sitzungsberichte der ARL Bd. 128. Hannover 1979. S. 25-45.

HÜBLER, K.-H. u.a.: Zur Problematik der Herstellung gleichwertiger Lebensverhältnisse. = Abhandlung der ARL Bd. 80. Hannover 1980.

INNOVATIONSFÖRDERUNG IM LÄNDLICHEN RAUM. = Information. zur Raumentwicklung 7/8/1980.

LANDESENTWICKLUNGSBERICHT HESSEN 1970-1978. Wiesbaden 1980.

LYNCH, K.: The image of the city. Cambridge 1960.

MARTENS, D.: Grundsätze und Voraussetzungen einer regionalen Regionalpolitik. In: Informationen zur Raumentwicklung 5/1980. S. 263-272.

MATERIALIEN ZUR WIRTSCHAFTLICHEN UND SOZIALEN ENTWICKLUNG DES NECKAR-ODENWALD-KREISES. (Maschinenschriftliche Zusammenstellung des Landratsamtes). Mosbach o.J.

NASCHOLD, F.: Alternative Raumpolitik. Ein Beitrag zur Verbesserung der Arbeits- und Lebensverhältnisse. Kronberg 1978.

POPITZ, H. u.a.: Das Gesellschaftsbild des Arbeiters. Tübingen 1957.

RAUMORDNUNGSBERICHT 1978. Hrsg. Bundesminister für Raumordnung, Bauwesen und Städtebau. Bonn 1979.

RAUMORDNUNGSBERICHT FÜR DIE REGION OSTHESSEN Bd. 1. Fulda 1973/74.

REGIONALISMUS UND REGIONALPOLITIK. = Informationen zur Raumentwicklung 5/1980.

RÖLL, W.: Die kulturlandschaftliche Entwicklung des Fuldaer Landes seit der Frühneuzeit. = Gießener Geographische Arbeiten 9/1966.

SCHULZ ZUR WIESCH, J.: Regionalplanung in Hessen.Ein Beitrag zur empirischen Planungsforschung. Stuttgart, Berlin 1977.

STIENS, G.:Veränderte Konzepte zum Abbau regionaler Disparitäten. Zu den Wandlungen im Bereich raumbezogener Theorie und Politik. In: Geographische Rundschau H. 1/1982. S. 19-24.

STRUKTUR UND ENTWICKLUNGSBILD DER GEMEINDE MUDAU 1981. (Maschinenschriftliches Exposé des Landratsamtes). Mosbach 1981.

TJADEN, K.H.: Probleme einer arbeitsorientierten Regionalpolitik. Untersuchungen am Beispiel hessischer Förderräume. Kassel 1978.

TOLMAN, E.C.: Cognitive maps in rats and men. Psychological Rev. 55/1948. S. 189-208.

VORPLANUNG ZUR LANDENTWICKLUNG MUDAU. Adlerplan. Karlsruhe 1980.

WIESSNER, R.: Verhaltensorientierte Geographie. Die angelsächsische behavioral geography und ihre sozialgeographischen Ansätze. In: Geographische Rundschau H. 11/1978. S. 420-426.

REGIONALPLANUNG IM ODENWALD
Mit 2 Abbildungen

Werner ZIMMER , Darmstadt

1. Entwicklung des Odenwaldes

Jahrhundertelang lag der Odenwald im Schlagschatten großer Wasserwege wie Rhein, Main und Neckar und bedeutender Verkehrsstraßen wie der Berg-, der Maintal- und der Neckarstraße. An seinem Rande gab es drei große Städte mit ausgesprochenem Residenzcharakter, nämlich Aschaffenburg, Darmstadt und Heidelberg. Der Blick dieser Städte ging in andere Regionen; für sie war der Odenwald höchstens Um- und Hinterland. Im Odenwald behauptete sich bis ins 19. Jahrhundert eine durch Erbteilung stark zersplitterte Grafschaft: Erbach. Ansonsten teilten sich ihn mächtige Nachbarn, sowohl weltliche als auch geistliche Herren, darunter bis nach 1800 Kurpfalz und Kurmainz; danach folgten die Großherzogtümer Baden und Hessen und in einem Zipfel das Königreich Bayern. Größere Städte entwickelten sich in unserem Jahrhundert außer am Rande und im Mümlingtal kaum. Sie alle sind auch heute vom Charakter her noch Kleinstädte.

Mit Beginn der I n d u s t r i a l i s i e r u n g vor rund 200 Jahren setzten Prozesse ein, die hauptsächlich in den Nachbargebieten abliefen und erst allmählich und nachträglich Auswirkungen auf den Odenwald zur Folge hatten wie L a n d f l u c h t und die Änderung der Erwerbstätigen- und Einkommensstruktur der ländlichen Bevölkerung. Nur in Erbach und Michelstadt im 19. Jahrhundert und in Breuberg, Groß-Bieberau, Schönau und Wald-Michelbach im frühen 2o. Jahrhundert setzte eine Industrialisierung mit der Folge erster Verstädterungstendenzen ein. In einzelnen Tälern, so an der Modau und der Lauter, entwickelten sich Mühlen zu Fabriken. Die rege Bautätigkeit führte zu einer Blüte der Steinbruchindustrie an Bergstraße, Main und Neckar sowie in Lindenfels und Umgebung.

Seit Beendigung des Zweiten Weltkrieges griff jedoch ziemlich unabhängig von der Industrialisierung und Urbanisierung im Odenwald eine Siedlungsentwicklung vom Rand her und von einzelnen Tallagen wie dem Gersprenz-, Mümling- und Weschnitztal auf weite Teile des Gebirges über, die zur A u s u f e r u n g der Dörfer, A u s r ä u m u n g der Dorfkerne und A u f z e h r u n g der Landschaft führten. Besonders in den beiden letzten Jahrzehnten wurden immer weitere Gebirgsteile, selbst steile Hanglagen und die Hochfläche, von jener Entwicklung zu mehr städtischen Verhaltens- und Bauweisen der Bevölkerung überrollt. Auch im Odenwald bildeten sich kleinere V e r d i c h t u n g s g e b i e t e heraus, so im Mümling- und im Weschnitztal. Der Unterschied zu den großen Verdichtungsräumen besteht nur darin, daß hier, im Mittelgebirge, die Entwicklung mit einer Zeitverzögerung einiger Jahre einsetzte und nicht so stürmisch verlief und noch verläuft.

Ein weiterer, allerdings wesentlicher U n t e r s c h i e d zwischen den l ä n d l i c h e n R ä u m e n und den V e r d i c h t u n g s g e b i e t e n findet man in der geringeren Einwohner- und Arbeitsplatzzahl, -dichte und -differenzierung im Gebirge und infolgedessen auch in dessen minderer Erschließungsqualität für Verkehr und Versorgung. Da sich aber die Erschließung von Jahr zu Jahr verbessert hat, erfaßt die Stadt- und Umlandwanderung und damit auch die Pendelwanderung mittlerweile entferntere Bezirke des Odenwaldes. Mit zunehmender Arbeitsteilung, Preisgabe der Selbstversorgung mit Wasser und Lebensmitteln, hoher Mobilität, insbesondere der aktiven, jungen Bevölkerung, und einem Verdrängungswettbewerb konkurrierender zentraler Orte

Strukturräumliche Gliederung

Tendenzen

▦ Verdichtungsgebiete LEP „Hessen' 80"

••••••• Ordnungsraum LEP „Hessen' 80" (ohne Gemeinden im Odenwaldkreis)

Ausweitungstendenzen bis 1985

▤ Verdichtungsgebiet

▥ Besonderes Verdichtungsgebiet

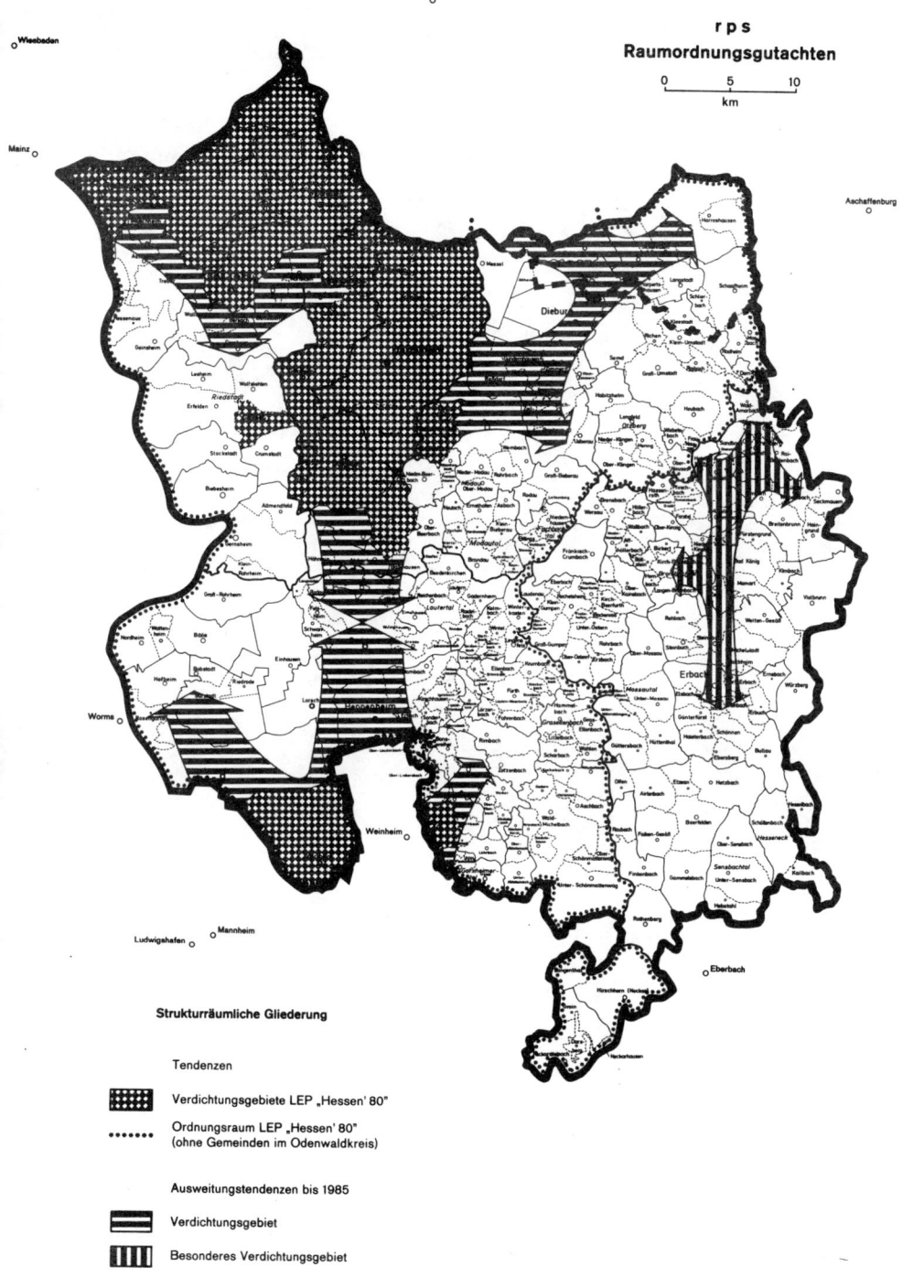

Abb. 1: Aus dem Raumordnungsgutachten der Regionalen Planungsgemeinschaft Starkenburg 1975

schreitet die Urbanisierung der Städte und Dörfer im Odenwald voran; ganz ausgeprägt ist das Konkurrieren zwischen den Mittel- und zwischen den Grundversorgungszentren.

Die **polyzentrische Struktur** des Oberrheingrabens strahlt auf den Odenwald aus und überdeckt ihn vom südlichen, westlichen und nördlichen Rand her mit wachsenden **konkurrierenden Ansprüchen** an die Flächennutzung, besonders zugunsten der Siedlungstätigkeit sowie der Freizeit und Erholung. Eindeutig gerät der Odenwald bei Wahrung einer gewissen Eigenständigkeit als individuelle Landschaft und als Wirtschaftsgebiet zunehmend unter den Einfluß des Rhein-Neckar-Raumes. Von dort her weiten sich Landschaftszersiedelung und -verschnitt ins Gebirge aus.

In jüngster Zeit nehmen die Bemühungen zu, ein " **qualitatives** " **Wachstum** anstelle des " **quantitativen** " zu setzen, was neben der Naturparkbewegung dazu beitragen dürfte, den Freizeitwert des Odenwaldes, vor allem für die benachbarten Städte von Frankfurt am Main bis Mannheim, zu erhalten. Zwar ergeben sich aus Lage, geschichtlicher Entwicklung und Infrastruktur noch immer quantitative und qualitative Abstufungen im Odenwald aus Standortgunst sowie nach Wohn- und Freizeitwert.

Einer heftigen **Entwicklung**, auch in jenem Mittelgebirge, steht eine bedenkliche **Umweltbelastung** gegenüber, die sich auf die Freizügigkeit, den Leistungsaustausch und die freie Entfaltung des Menschen mehr und mehr negativ auswirken könnte. Schon gibt es erste immissionskritische Gebiete an der Bergstraße, sowie im Mümlingtal und im Weschnitzgrund.

2. Landesentwicklung im Odenwald

Um jene Entwicklung in geordnete Bahnen lenken zu können, bediente sich das Land Hessen der heute üblichen P l a n u n g s i n s t r u m e n t e der Raumordnung, nämlich der Landes- und der Landentwicklung. Landesentwicklung ist Landes- und Regionalplanung und Landentwicklung eine sich daran orientierende land- und forstwirtschaftliche Fachplanung, die vordringlich für den ländlichen Raum aufgestellt wird.

Der Grundgedanke einer Landesentwicklung reicht in die frühen Nachkriegsjahre, auf den 1951 verkündeten H e s s e n p l a n zurück. Er hatte den Bevölkerungsausgleich zwischen den zerstörten Städten und den weniger hart getroffenen ländlichen Raum zum Ziel; auch diente er dazu, die Bevölkerungsströme der Flüchtlinge und Heimatvertriebenen zu kanalisieren und geeignete Arbeitsplätze durch gewerbliche Ansiedlung und Infrastrukturverbesserung zu schaffen.

Durch Regierungserklärung vom Oktober 1969 wurde der Große Hessenplan mit der Raumordnung und Landesplanung in Verbindung gebracht. Im Hessischen L a n d e s p l a n u n g s g e s e t z (HLPG) in der Fassung vom 1.6.1970 (GVBl. I S. 360, geändert durch Gesetz vom 28.1.1975, GVBl. I S. 19 und durch Gesetz vom 15.10.1980, GVBl. I S. 377) und durch das Hessische L a n d e s r a u m o r d n u n g s p r o r a m m (HLROP) vom 18.3.1970 wurden in Hessen die Aufgaben der Raumplanung und die Finanz- und Investitionsplanung organisatorisch und methodisch zu einer aufeinander abgestimmten Entwicklungsplanung zusammengeführt. Mittels einer kommunal ausgerichteten Regionsplanung sollte sie durch eine bürgernahe regionale Strukturpolitik in die Tat umgesetzt werden, was erstmals im am 27.4.1971 festgestellten Landesentwicklungsplan (LEP 80) und im am 23.2.1979 festgestellten Regionalen R a u m o r d n u n g s p l a n (RROP) für Starkenburg geschah. Neben gesellschaftspolitischen Zielen für einen Zeitraum bis 1985 - im Regionalplan für die nächsten 4-6 Jahre - enthalten sie auch die Darstellung der vorhandenen und anzustrebenden Raumstruktur des Landes bzw. eines Landesteils. Auf das Gegenstromverfahren - Anweisung seitens des Landes unter Mitwirkung kommunaler Gebietskörperschaften - wurde besonderes Gewicht gelegt. Bis zum 31.12.1980 waren die Träger der Regionalplanung in Hessen regionale Planungsgemeinschaften, also Körperschaften des öffentlichen Rechts; nach dem 1.1.1981 ging die Trägerschaft auf die Landesverwaltung, auf die Regierungspräsidenten über.

Nach LEP und RROP sollte sich die Ordnung des kleineren Raumes in die Ordnung des größeren einfügen. Ordnung war somit mehr noch als Entwicklung; es war auch eine Chance, da, wo es angebracht erschien, auf Entwicklung zu verzichten, z.B. in Teilen des Naturparks Bergstraße-Odenwald-Neckartal. Die Feststellung bzw. Verbindlichkeitserklärung geschah durch Beschluß der Landesregierung; damit hatten alle Behörden des Bundes und Landes, aber auch die Gemeinden und Gemeindeverbände sowie sonstige Träger öffentlicher Belange den LEP und RROP zu befolgen.

Die übergeordneten Z i e l e , wie sie auch für den Odenwald angestrebt worden sind, waren:
- die Herstellung wertgleicher Lebens- und Arbeitsbedingungen,
- die Sicherung der weiteren wirtschaftlichen Entwicklung,
- ein Ausgleich im Leistungsgefälle Stadt-Land und
- die Beibehaltung der augenblicklichen Bevölkerungsverteilung, ermittelt durch Trendverlängerung.

Bei allen M a ß n a h m e n sollte das knappe Entwicklungspotential gebündelt und damit effektiv eingesetzt werden.

Nach dem Prinzip der sogenannten "dezentralen Konzentration" suchte man im Sinne der damaligen R a u m s t r a t e g i e , die weitere Abwanderung der Bevölkerung aus strukturschwächeren Räumen in die Verdichtungsgebiete zu verringern durch vielfältige wirtschafts- und infrastrukturelle Maßnahmen und schwerpunktmäßigen Ausbau kleinerer Verdichtungen und Mittel- oder Kleinstädte hauptsächlich in strukturschwachen Räumen.

An planerischem Instrumentarium standen der Landes- und Regionalplanung zur Verfügung:

- Strukturräume:

Die Verdichtungsgebiete reichen bis an die nördliche und südliche Bergstraße heran; im übrigen liegt der Odenwald fast ganz im ländlichen Raum; jedoch fällt kaum eine Gemeinde ins Entwicklungsgebiet. Dagegen gehören zahlreiche Gemeinden ins Fördergebiet der Höhenlandwirtschaft. Im Mümlingtal und im Weschnitzbecken sind Ansätze zu kleineren Verdichtungsgebieten vorhanden, wenn auch nur in den Talgemeinden wie in Breuberg, Erbach und Michelstadt mit ca. 50 000 Einwohnern.

- Zentrale Orte und Verflechtungsbereiche:

Entsprechend einer Empfehlung der Ministerkonferenz der Länder in der Bundesrepublik Deutschland und des Hessischen LEP ist dem System der zentralen Orte eine vierstufige Gliederung zugrunde gelegt. Das Netz ist so entwickelt, daß den Bewohnern in allen Teilen der Region in zumutbarer Entfernung zentralörtliche Einrichtungen zur Verfügung stehen. Das hängt gerade in Mittelgebirgen von der Siedlungsdichte und vom Erschließungsgrad ab.

Die Oberzentren für den Odenwald, Darmstadt und Heidelberg, liegen vor dem Gebirge, ebenso das Mittelzentrum mit oberzentraler Teilbedeutung: Aschaffenburg.

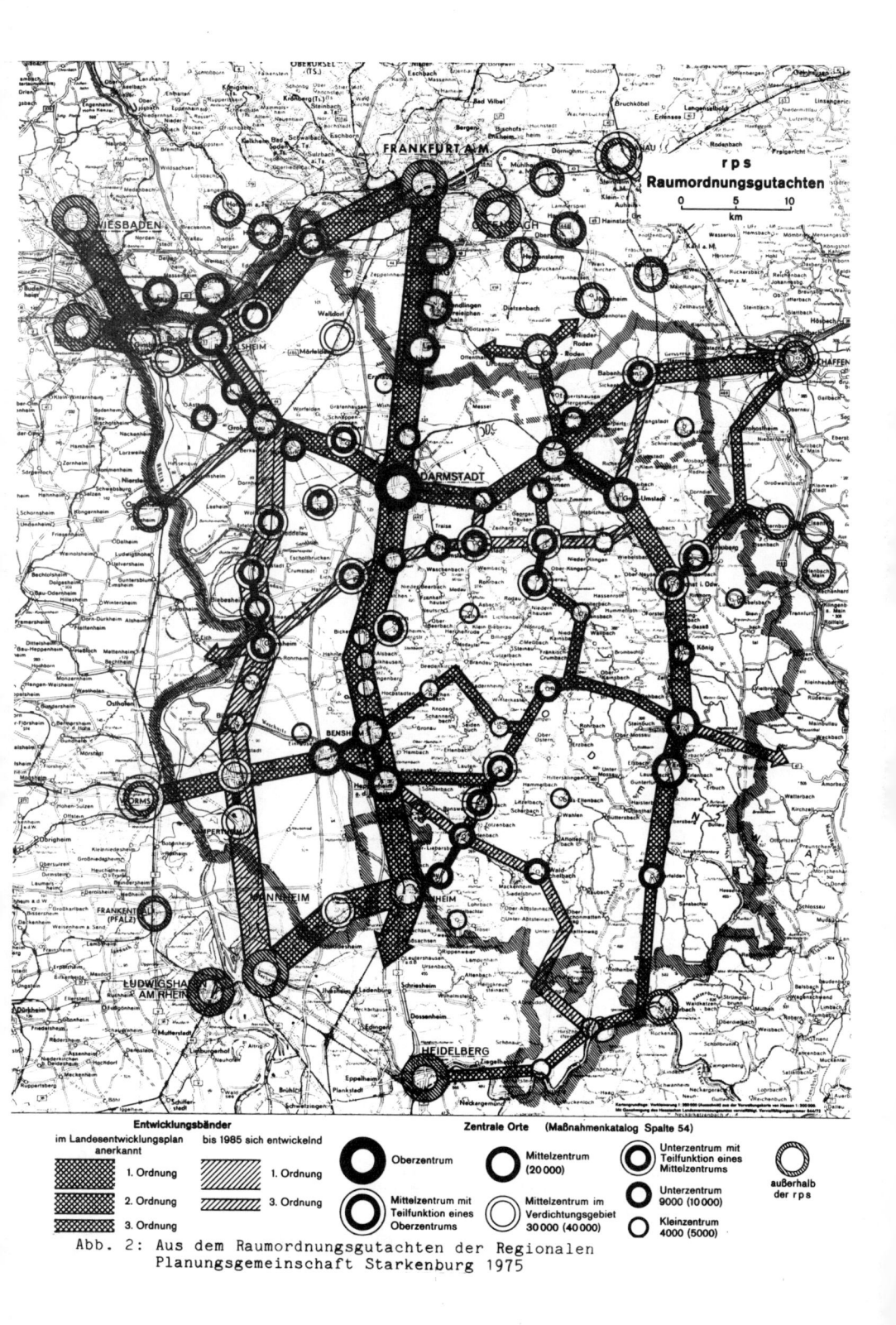

Abb. 2: Aus dem Raumordnungsgutachten der Regionalen Planungsgemeinschaft Starkenburg 1975

Selbst an der Bergstraße und im Odenwald sind Ansätze für ein polyzentrisches Zentralitätsgefüge mit konkurrierenden zentralen Orten gegeben, so Bensheim, Heppenheim und Weinheim im Westen sowie Erbach und Michelstadt im Osten. Nur Eberbach ist außer Konkurrenz. Daneben bestehen eine Reihe von Unter- oder Grundversorgungszentren besonders in Gersprenz-, Mümling- und Weschnitztal, die einander an Zentralität eher schwächen als stärken. Trotz intensiver Förderung gelangen sie nicht über eine gewisse Bedeutung hinaus.

Durch die Neugliederung auf der Gemeindeebene erhielt fast jede Gemeinde eine Größe und Einwohnerzahl mit einem Bereich aus mehr oder weniger kleinen Ortsteilen, so daß in der Regel der Gemeindekern ein Kleinzentrum bildet.

Stets ist ein zentraler Ort in Verbindung mit seinem Verflechtungsbereich, mit dem Nah-, Mittel- und - soweit vorhanden - Oberbereich zu sehen. Im Odenwald lassen sich noch die einzelnen Nah- oder Grundversorgungs- und Mittelbereiche einigermaßen voneinander abgrenzen. Dagegen greifen die Oberbereiche, die der Städte Darmstadt und Aschaffenburg im Mümlingtal, ineinander über. Der Weschnitzgrund und Überwald tendieren immer stärker in das Rhein-Neckar-Gebiet.

- Entwicklungsbänder:

Neben der punktuellen Entwicklung zentraler Orte soll die künftige Siedlungsstruktur des Landes, also auch des Odenwaldes, durch Siedlungs- oder Entwicklungsbänder bestimmt sein, einem dreistufigen System aus der Kombination von Siedlungsreihung, bandartiger Infrastruktur und zentralörtlicher Bedeutung.

An der Bergstraße ist ein solches überregionales Band ausgewiesen; im Odenwald gibt es nur regionale und lokale Bänder, worunter die wichtigsten das Main-, Mümling- und Neckartal durchlaufen.

- Regionale Grünzüge und Naturpark:

Im Naturpark Bergstraße-Odenwald-Neckartal gibt es außer am Hang der Bergstraße keine Regionalen Grünzüge, in denen eine Besiedlung nicht stattfinden darf. Man meinte damals, der mit der Naturparkerklärung verbundene Landschaftsschutz reiche aus, diese Mittelgebirge vor Wildwuchs zu bewahren.

3. Fachspezifische raumbedeutsame Programme

Im Laufe der Jahre installierte die Landesregierung mehrere fachspezifische Programme, die in mehr oder weniger lockerer Verbindung mit der Raumordnung, also der Landes- und Regionalplanung, abgewickelt werden.

Diese Programme haben zu weiteren raumordnerischen und regionalplanerischen Zielsetzungen geführt, z.B.:

- vorrangige Förderung der Wirtschaft in den Fördergebieten der Gemeinschaftsaufgabe "V e r b e s s e r u n g d e r   r e g i o n a l e n   W i r t s c h a f t s s t r u k t u r", so in gewerblichen Entwicklungsschwerpunkten wie Michelstadt oder Entlastungsorte wie Groß-Umstadt, und im Rahmen der Gemeinschaftsaufgabe " V e r b e s s e r u n g d e r A g r a r s t r u k t u r und des Küstenschutzes", was zur agrarstrukturellen Vorplanung für den Odenwald in zwei Stufen, der regionalen und der lokalen, geführt hat,

- städtebauliche Sanierungs- und Entwicklungsmaßnahmen nach dem S t ä d t e b a u f ö r d e r u n g s g e s e t z,

- Förderung der D o r f e n t w i c k l u n g u n d - e r n e u e r u n g im Rahmen eines Investitionsprogrammes zur wachstums- und umweltpolitischen Vorsorge,

- Verbesserung der Verkehrsgunst und der Ver- und Entsorgungssysteme wie den Anschluß der Odenwaldgemeinden an Ringverbünde nach Fachgesetzen, unter anderem auch die Gründung von V e r k e h r s g e m e i n s c h a f t e n,

- Förderung des F r e m d e n v e r k e h r s und

- Maßnahmen zum Schutze der Landschaft und Umwelt aufgrund von Bundes- und Landesnaturschutz- und Umweltschutzgesetzen.

4. Landentwicklung

Schon lange haben die Landeskulturverwaltung und die Forstbehörden vor allem auf den ländlichen Raum und die Landschaft eingewirkt und dazu beigetragen, beide in Gestaltung und Struktur günstig zu beeinflussen. Seit Bestehen der staatlichen Landesplanung und einer mal mehr staatlich, das andere Mal mehr kommunal organisierten und orientierten Regionalplanung verquicken sich raumordnerische Landesentwicklung sowie land- und forstwirtschaftliche Landentwicklung. Das Spektrum der gemeinsamen Zusammenarbeit und Verflechtung reicht von der agrarstrukturellen Vor- und Entwicklungsplanung über die städtebauliche Sanierung in Klein- und Mittelstädten und die Dorferneuerung bis hin zur Flurbereinigung, Aussiedlung, Betriebskooperation oder Stellungnahmen bei Raumordnungs- und Planfeststellungsverfahren anderer Fachplanungen.

So ist gerade die Landentwicklung - der Odenwald bietet ein frühes und gutes Beispiel dafür - ein wichtiges Bindeglied zwischen der Raumordnung auf der Ebene der Regionalplanung und auf der Ebene der Stadt- und Ortsplanung geworden.

Die a g r a r s t r u k t u r e l l e V o r p l a n u n g (A V P) - zweite Stufe "Hessischer Odenwald" liegt ebenso vor wie ein Teil der AVP-dritte Stufe, unter anderem Erbach und Mossautal. Die G r ü n l a n d r e g i o n im Odenwald mit der Dorfentwicklung in strenger Abtrennung von der Städtebauförderung, die sich besonders für Städte wie Bensheim, Erbach und Michelstadt ausgewirkt hat, sowie der durch die Intensivierung der Weidewirtschaft notwendige Wegeausbau ist Ausfluß jener Planungsstufen. Mittlerweile sind über 350 km Wege befestigt worden. Die Wohn- und Bewirtschaftsverhältnisse konnten dadurch wesentlich verbessert werden, selbst da, wo - wie vielerorts im Odenwald - die Flurbereinigung nur langsam in Gang gekommen ist.

Aus der früheren, einseitig betriebswirtschaftlich ausgerichteten Zielsetzung der F l u r b e r e i n i g u n g ist heute mit ein Instrument zur Durchsetzung von Raumordnung im ländlichen Bereich geworden, dessen Ordnungsmaßnahmen nicht nur zugunsten der Land- und Forstwirtschaft, sondern auch der Landschaftspflege, Siedlungstätigkeit und Förderung der Gewerbe, vor allem im Fremdenverkehrsbereich, greifen.

Zur wesentlichsten Leistung der Flurbereinigung kann neben der A r r o n d i e r u n g von Siedlungs- und Wirtschaftsflächen die B o d e n b e v o r r a t u n g gezählt werden, aus der heraus eine zeitgerechte Bereitstellung der für agrarstrukturelle und für infrastrukturelle oder sonstige raumordnende Zwecke benötigten Flächen zu mäßigen Preisen verfügbar sind. Auch im Odenwald ist man stellenweise so verfahren.

Gerade die Landentwicklung hat viel dazu beigetragen, die in ihrer Zielsetzung auf einer höheren Ebene angesiedelten und von daher weniger konkreten Landesentwicklung durch die Landes- und Regionalplanung mindestens schritt- oder teilweise zu realisieren.

5. Auswirkungen der Landesraumordnungspolitik

Inzwischen sind über die früheren landesplanerischen Gutachten "Neckartal" (1972), "Überwald" (1972), und "Odenwaldkreis" (1973) sowie landesplanerische Entwicklungsgutachten, z.B. "Gras-Ellenbach" (1971) und "Vielbrunn" (1971), raumordnerische Ziele in die AVP eingespeist worden. Seit 1974 ist an die Stelle von Einzelgutachten der 1979 festgestellte Regionale Raumordnungsplan der ehemaligen Regionalen P l a n u n g s g e m e i n s c h a f t   S t a r k e n b u r g getreten. Außerdem gelten für die übrigen Teile des Odenwaldes die Raumordnungspläne des Planungsverbandes   U n t e r e r   N e c k a r in Baden-Württemberg und der Region B a y e r i s c h e r   U n t e r m a i n.

Doch kaum begann die Regionalplanung in Hessen auf der Ebene der Planungsgemeinschaften zu greifen, als die gesamte Raumordnungsorganisation verstaatlicht wurde. Damit verknüpft war die Frage nach dem Stellenwert der Raumordnung überhaupt. Dieses Infragestellen raumordnender Ziele, auch ihrer Prioritäten, teils aus eigenem Unbehagen wegen überzogener Raumordnungsvorstellungen, teils als Reaktion auf Gegenströmungen, die sie zu unterlaufen suchten, drängte den Einfluß der Regionalplanung wieder zurück. Dennoch hat sie, auch im Odenwald, versucht, die bestehenden Disparitäten, die Unterschiede im Leistungsgefälle zwischen den Verdichtungsgebieten und dem ländlichen Raum einzuebnen.

Die koordinierte Weiterentwicklung des P l a n u n g s s y s t e m s der verschiedenen Ebenen, horizontal, aber auch vertikal, kann nur durch zunehmende K o o p e r a t i o n der Gebietskörperschaften und sonstigen Träger öffentlicher Belange effektiv gestaltet und damit unter anderem der ländliche Raum begrenzt beeinflußt werden. Das trifft auch für die Effizienz der Raumordnung im Odenwald zu; es ist zwar einiges in die Wege geleitet worden, aber die Ergebnisse hätten mehr sein müssen!

6. Regionalplanerische Steuerung

Trotz kommunalem Eifer oder gerade deswegen, in der Regionalplanung genügend bevorteilt, wenn möglich sogar äußerst hoch "angesiedelt" bzw. mit Förderung bedacht zu werden, gelang es der Regionalplanung nur bedingt, in die tatsächliche Raumordnung einzugreifen. So fehlt bis heute ein der Zentralitätsfestlegung entsprechendes **Ausstattungsgebot**; selbstverständlich würde dies bei minder eingestuften Orten einem Ausstattungsverbot gleichkommen. Am meisten wirksam, wenn auch oft restriktiv, war das Eingreifen der Regionalplanung in die von den Gemeinden beabsichtigte **Siedlungsausweitung** zugunsten der **Landschaftsbewahrung** vor dem Zugriff meist massiver Einzelinteressenten, kommunalen wie privaten Objektbetreibern. Hierbei gelang es, oft unnötige zwischengemeindliche Konkurrenzen zu verringern, beispielsweise zwischen Bensheim und Heppenheim, Erbach und Michelstadt oder zwischen den Weschnitztalgemeinden von Birkenau bis Fürth.

Als Fazit läßt sich festhalten: Einer kompetenzüberschreitenden **Planungstätigkeit** war der **Handlungsspielraum** in der Raumordnung, also in der Landes- und Regionalplanung, von Anfang an eingeengt und entweder als **Entscheidungshilfe** auf eine politisch und planerisch überzeugende Argumentation beschränkt oder zu langwieriger **Abstimmung** der häufig sich überlagerten Interessen und Vorränge, z.B. für Wasser, Wald und Lagerstätten, gezwungen. Wahrscheinlich wird die zunehmende Knappheit an **Bewegungsfreiheit** für den einzelnen Bürger wie für die Gesellschaft ganz allgemein stärker zu gut reflektiertem Planungshandeln und zur Revision der Regionalplanung vorstoßen, gegründet wirklich nur auf wesentliche, den Raum ordnende und entwickelnde Ziele und Aussagen. Die berechtigte Zurücknahme überzogener Planungsforderungen kann zur Minderung des derzeitigen **Planungsdefizits** führen.

Jedenfalls entstehen auch im Odenwald aus pluralistischen Z u f a l l s e n t s c h e i d u n g e n regelrechte Z u f a l l s l a n d s c h a f t e n mit einem Aus- und Ineinanderfließen der Siedlungen, so besonders im Lauter-, Mümling- und Weschnitztal, und anderenorts die mangelnde Rekultivierung von abgebauten Lagerstätten wie in Dossenheim an der Bergstraße, weil die Rekultivierungsauflagen mangels geeigneter Ziele zu spät kamen.

Heute geht die Diskussion davon aus, daß Veränderungsschübe die Raumordnung in eine Ecke gestellt haben, die zum Umdenken aller am Planungsprozeß Beteiligten führen sollte, zu reduzierten, aber dadurch um so konsequenteren Raumordnungsplänen und zu wirksamerem Vollzug in der Landes- und Regionalplanung. Dabei ist der aus der Raumordnung herausgelöste U m w e l t - und L a n d s c h a f t s s c h u t z wieder einzubinden.

Raumordnung bedarf - das beweisen die Entwicklungen im Odenwald -, um nicht lediglich ein Feuerwehrprogramm zu sein, bestimmter ökologischer, ökonomischer und ethischer W e r t h a l t u n g e n. Sie kann weder S t a a t s e i n g r i f f noch I n t e r e s s e n m a n a g e m e n t von unten sein. Extreme haben in Politik und Planung langfristig noch nie Stabilität und Ausgleich gebracht, sondern nur die hart errungenen Kompromisse zwischen reifen Menschen. Nur sie, diese Menschen und diese Kompromisse, helfen, auch den Odenwald davor zu bewahren, ihn durch falsch verstandene oder mangelhafte Raumordnung zur zersiedelten und stark angeschlagenen Zufallslandschaft zu degradieren. Gute Substanz ist genug da; es gilt, sie durch angemessene Nutzung zu bewahren und zu verbessern!

DAS WALDHUFENDORF WÜRZBERG IM ODENWALD
Mit 7 Abbildungen

Walter WEIDMANN , Würzberg

1. Einleitung

Der Odenwald, ein zwischen der Rheinebene, dem Main und Neckar gelegenes Mittelgebirge, war um 800, als diese Waldwildnis erstmals ins Licht einer Erschließung tritt, noch verhältnismäßig schwach besiedelt. Mit der Einrichtung der Waldmarken durch das Kloster Lorsch und der Anlegung des Fiskalgutes Michelstadt war der Grundstock für die Erschließung und Besiedlung des Hinteren Odenwaldes gelegt. Ostwärts der Wasserscheide des Eulbacher Höhenzuges betrieb das Kloster Amorbach seine Siedlungstätigkeit. Der im sogenannten Plumgau gelegene Michelstädter Siedlungsraum hatte im Osten mit der Bannforstgrenze zusammenfallend seine Grenze auf der Höhe Eulbach - Würzberg - Bullau. In den Grenzbeschreibungen der Mark Michelstadt von 819 und 1012 werden Eulbach sowie Grenzpunkte in der Gemarkung Würzberg und das Römerkastell Würzberg erwähnt. Die eigentliche Siedlungstätigkeit begann unter EINHARD, der den Ort und die Celle Michelstadt im Jahr 815 von Kaiser LUDWIG I - dem Frommen - durch Schenkung erhielt.

Die Auswahl der Plätze für die Siedlungsanlagen war wohl im Raum Michelstadt, wie auch im Vorderen Odenwald, an die natürlichen Voraussetzungen geknüpft. So ist anzunehmen, daß zuerst die Tallagen und später erst die Höhenlagen besiedelt wurden, sofern hier nicht schon ältere Siedlungsansätze vorhanden waren. Im Unterschied zu Michelstadt ist die Lage Würzbergs von einer gewissen Siedlungsungunst geprägt. So korrespondiert mit der Höhe von 543 NN auf den relativ ertragsarmen Böden der Buntsandstein-Hochfläche ein rauhes Klima mit niedrigen Durchschnittstemperaturen und einer Verkürzung der Vegetationszeit um 3-4 Wochen. Diese Faktoren dürften einen hemmenden Einfluß auf die Rodung und Besiedlung dieses Bereiches gehabt haben.

Andererseits haben vor allem die topographischen Gegebenheiten die planmäßige Anlage des Waldhufendorfes Würzberg begünstigt, was letztlich dazu geführt haben könnte, daß die Hufenanlage wegen der ausgereiften Form bis in die heutige Zeit noch gut erkennbar erhalten blieb. Auch nachdem das Kloster Lorsch u.a. die Mark Michelstadt an die Schenken von Erbach übergeben hatte, behielten diese die ihnen bekannten Lorscher Siedlungsprinzipien bei. Durch das Erbacher Landrecht wurde die Verwaltung, Teilung und Bewirtschaftung der Hufen geregelt und vorgeschrieben. Die Beibehaltung des Anerbenrechts bis in die heutige Zeit hat darüberhinaus dazu beigetragen, daß sowohl die Folgen des Dreißigjährigen Krieges als auch der Aufhebung des Erbacher Landrechts nicht den Zerfall der Hufenanlage bewirkten.

Im nachfolgenden Bericht soll nun versucht werden, die Hufenstruktur und deren Veränderung am Beispiel Würzberg darzustellen. Die Ergebnisse der langjährigen Beschäftigung mit dieser Thematik lassen sich nur zu einem geringen Teil durch gedruckte und damit allgemein zugängliche Quellen belegen. Wesentlich stärker - wenn auch nicht jeweils im einzelnen aufgeführt - stützen sie sich auf alte Kartierungen, Archivalien des Stadtarchivs Michelstadt, private Unterlagen der Würzberger Bevölkerung, Baupläne und Verträge. Aufschlußreich waren auch die vielfältigen Gespräche mit den Bewohnern. Hiermit sollte ein Beitrag geliefert werden für das Verständnis einer Siedlungsform, die für die kulturräumliche Entwicklung des Odenwaldes von entscheidender Bedeutung ist (M. BORN 1972, S. 68 f.).

2. Urkundliche Quellen

Das Dorf Würzberg wurde nach dem heutigen Erkenntnisstand erstmals im Jahr 1310 erwähnt. Dies erfolgte in einer Urkunde über die Güterteilung der Rüdt von Collenberg unter drei Brüder. Dabei wurden die Güter zu Breitenbuch angesprochen, "nicht aber die Güter zu Wizberg" (F. GEHRIG 1980, S.124). Eine weitere Nachricht stammt aus dem Jahr 1347, als Ruckelin von Hochhausen seine Rechte in Würzberg an den "Lieben Frauen Altar" zu Beerfelden übertrug (nach R. KLAUSER 1961, S. 334):

> "Item Ruckelin selige von Hochhawsen hat gesatzt den hayligen eyn pfunt heller und eynem pferrer V schilling heller, gevellet zu Wirtzbergk"

Dieser Eintrag stammt aus einem Zinsbuch, welches sich bei der Evang. Kirche in Beerfelden befindet. Es wird zwar hier nicht ausdrücklich die Jahreszahl erwähnt. Nach G.SIMON (1958) und G. SCHNEIDER (1736) ergibt sich jedoch, daß gleiche Übertragung von Rechten in Stockheim pp. im Jahr 1347 ebenfalls von Hochhausen an die Kirche in Beerfelden erfolgten. Am 24.6.1426 übertrugen die Grafen von Erbach die Vogteirechte an den oberen 4 (bzw. 3 1/2) Hufen an die Echter von Mespelbrunn. Diese Privilegien umfaßten den Zehnten, Zinsen, Wald-, Wasser- und Weidenutzungen (nach G. SIMON 1858, S. 208):

> "Ich Berthold Echter bekennen und thun kunt offentlichen myt dißsem myme briffe, das mir der edle myngnediger lieber Jungherre Schenk Conrad der Elterherre zu Erpach und allen mynen Lehenserben alle diese hernach geschriben zenden, zinse und güter zu Eyme rechten Lehen geluhen hat und sint diß die zenden und guter myt namen: Minen teyl des zenden zu Werzeberg uff Hanemann Echters und mine guden in dorffe und in felde... Item dritte halbe Hube zu Werzeberg myt allen zugehorungen die sint halbe myns Vettern Haneman Echters myt gerichten atzungen tan die walt, wasser und weyden..."

Hier in diesem Rechtsvorgang werden bereits Abgrenzungen vorgenommen und das Dorf aufgeteilt dargestellt. Die Aufteilung wurde wie folgt vorgenommen:

3 1/2 Hufen standen unter Erbacher Vogtei
10 1/2 Hufen waren Hessisches Kunkellehen der Grafen von Ingelheim.

Auf die Zugehörigkeit zu dem Ingelheimer Grafengeschlecht deutet heute noch die Bezeichnung "Ingelheimer Wald" oder "Ingelheimer Berge" für den ehemals herrschaftlichen Wald im Osten der Gemarkung hin. Erst 1817 kaufte Graf Franz zu Erbach die Vogtei mit allen Rechten vom Königlichen Geheimrat Friedrich, Graf von Ingelheim, für 17 000 fl. (Gulden) (G. SIMON 1858, S.82).

3. Die Hufenanlage

Der genaue Zeitpunkt der Gründung der Waldhufensiedlung Würzberg ist nicht mehr feststellbar. Obwohl das Dorf zu den wenigen Waldhufensiedlungen gehört, die nicht im Tal, sondern mit der gesamten Ausdehnung auf einer Hochfläche liegen, könnte man den Siedlungsursprung grundsätzlich in die erste Phase der Odenwald-Besiedlung verlegen. Dies ergibt sich hauptsächlich daraus, daß bei ähnlichen Siedlungsanlagen der vollausgereiften Spätform die Gemeindeallmend weitgehend zugunsten längerer und breiterer Hufen aufgelöst wurde. In Würzberg indes war die Gemeindeallmend bis 1830 noch vorhanden.

Die topographische Situation erlaubte jedoch in späteren Jahrhunderten eine Ausdehnung und damit Verlängerung der Hufen nach N und S bis zu einer Länge von 5 km. Eine seitliche Ausdehnung und dadurch bedingte Auflösung der Allmend zur Gewinnung neuer Wirtschaftsflächen waren nicht erforderlich. Es ist daher nicht auszuschließen, daß diese Ausdehnung unter Beibehaltung der Allmend in eine zweite Siedlungsphase

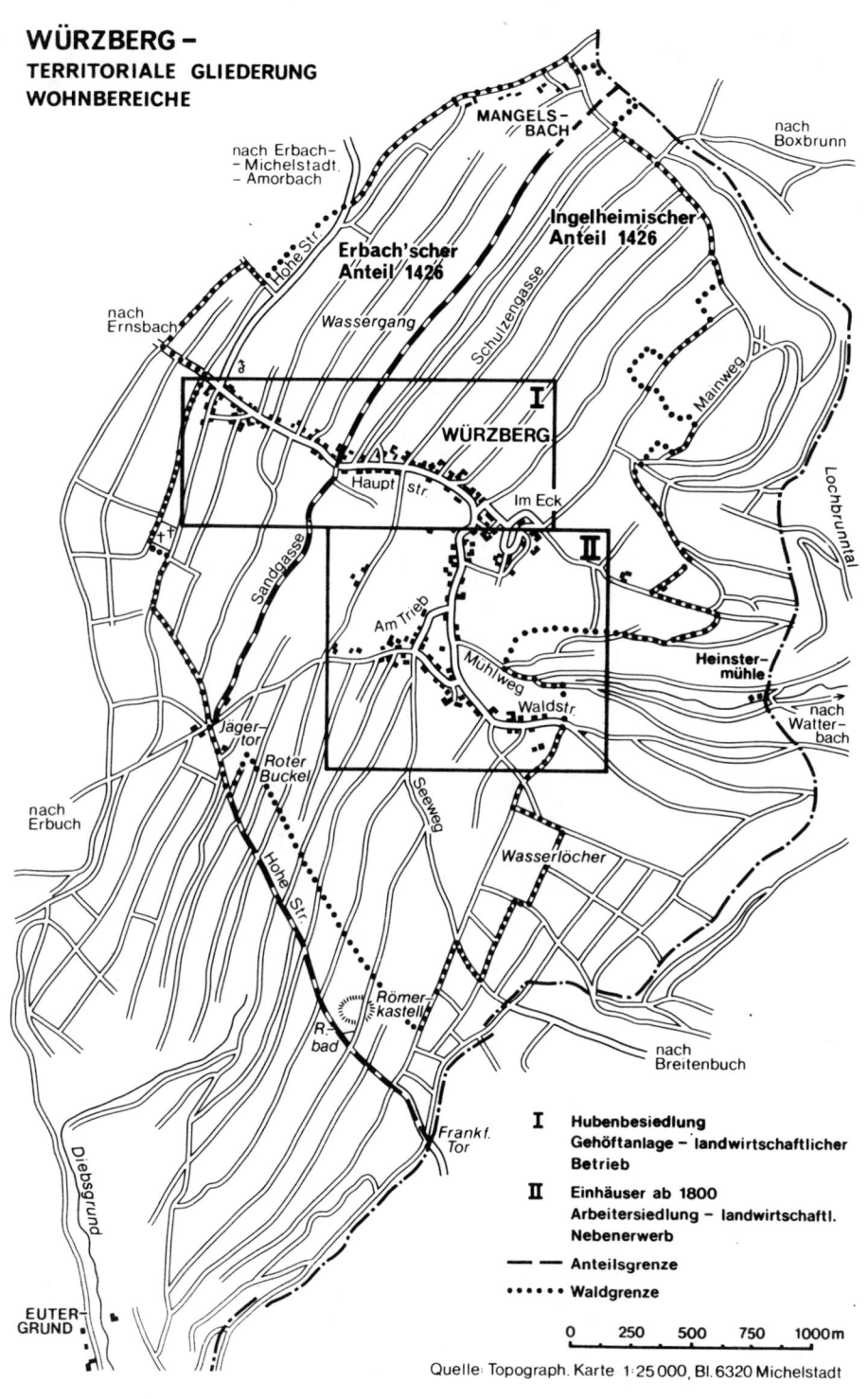

WÜRZBERG –
TERRITORIALE GLIEDERUNG
WOHNBEREICHE

I Hubenbesiedlung
Gehöftanlage – landwirtschaftlicher Betrieb

II Einhäuser ab 1800
Arbeitersiedlung – landwirtschaftl. Nebenerwerb

— · — Anteilsgrenze
· · · · · Waldgrenze

0 250 500 750 1000m

Quelle: Topograph. Karte 1:25 000, Bl. 6320 Michelstadt

Abb. 1

fällt. Diese dürfte im 13. Jahrhundert abgeschlossen worden sein. Die Hufenaufteilung ist heute auch auf dem Meßtischblatt noch an den parallellaufenden Feldwegen in N-S-Richtung gut erkennbar.

Die Hufenstreifen haben eine Länge von durchschnittlich 5 km und reichen von der bayerischen Landesgrenze im N bis zum Itterbach (Eutergrund) im S. Das Waldareal im Süden der Gemarkung wird überwiegend von Würzberger Bauern waldwirtschaftlich genutzt. Der südöstliche Teil entlang der bayerischen Landesgrenze ("Straßenheumatte, Bauwald und Aspenrain"), ehemals zur Gemeindeallmend zählend, befindet sich heute noch im Gemeindebesitz. Alte Grenzsteine zeugen heute noch von dieser flächenmäßigen Zuordnung. Der im Ostteil der Gemarkung liegende Wald, die sog. Ingelheimer Berge, wurde wegen der Hanglage zum Watterbachtal nicht in die Hufenanlage mit einbezogen. Dieser Teil blieb gräflicher Besitz bis zur Veräußerung an die Landeskirche in Hessen und Nassau. Im Westen wird die Hufenflur von gräflichen Waldarealen begrenzt. Diese Wälder nehmen, wie im östlichen Teil der Gemarkung, wiederum die ehemals aus der Plansiedlung ausgelassenen Hanglagen gegen Ernsbach und Erbuch ein. Die Würzberger Hochfläche wird also ausschließlich von der Waldhufenflur geprägt. Den Verlauf der Hufen und die seitliche Begrenzung durch die Tallagen kann man auf der Luftbildaufnahme (Abb. 2) sehr gut erkennen.

Die seitlich durch Täler begrenzte Hochfläche könnte als Begründung für die relativ langen Hufenstreifen angeführt werden. Die längere Erstreckung der Hufenstreifen in südliche Richtung lassen sich evtl. damit erklären, daß eine Ausdehnung nach Norden wegen der Grenze zum Klosterbesitz Amorbach nicht mehr möglich war. Die endgültige Ausdehnung nach S (Verlängerung der Hufen um die heutigen Bauernwaldanteile) erfolgte vermutlich in der Zeit, als eine verstärkte Hack-Waldnutzung einsetzte. Die eigentlichen Gründe zur Privatisierung des Waldes und die damit erfolgte Verlängerung der Hufen sind nicht bekannt.

4. Die Struktur der Hufen

Der Begriff "Hufe" wird nach F.H.K. BECK und C. LAUTEREN (1824, S. 361) wie folgt beschrieben:

> "Das Wort Hub oder Hueb ist teutschen Ursprungs und bezeichnet hier zu Lande , im Gegensatz von Allmenden, oder dem ungetheilten Eigentum der Gemeinden, so wie der Erbbestandshöfe oder Taglöhnerwerke, das dem einzelnen Landmanne eigenthümlich zustehende, geschlossene und in solcher Abgeschlossenheit aus uralten Zeiten herrührende größere Besitzthum an Haus, Hofraithe, Äckern, Wiesen und Waldungen."

In Würzberg sind ursprünglich sehr große Hufen angelegt worden, die auf eine durchdachte Siedlungstätigkeit deuten. Dies geschah wohl auch in Anpassung an die ungünstigen klimatischen Bedingungen und Bodenverhältnisse, die im Mittelalter nur eine extensive Feldgraswirtschaft erlaubten. So waren umfangreiche Rodungen erforderlich, um die lebensnotwendigen Produkte und somit den Lebensstandard und das Existenzminimum zu sichern. Die Größe der Güter (Hufen) betrug bei der Untersuchung von P. BUXBAUM (1928, S. 38):

1. Hufe	=	37 ha	12. Hufe	=	25 ha
2. Hufe	=	25 ha	13. Hufe	=	26 ha
3. Hufe	=	46 ha	14. Hufe	=	27 ha
4. Hufe	=	43 ha	15. Hufe	=	26 ha
5. Hufe	=	49 ha	16. Hufe	=	23 ha
6. Hufe	=	23 ha	17. Hufe	=	45 ha
7. Hufe	=	26 ha	18. Hufe	=	42 ha
8. Hufe	=	26 ha	19. Hufe	=	64 ha
9. Hufe	=	50 ha	20. Hufe	=	46 ha
1o. Hufe	=	50 ha	21. Hufe	=	41 ha
11. Hufe	=	23,5 ha			

Diese Ergebnisse lassen die Vermutung zu, daß bei der Anlage der Siedlung bereits in ganze und halbe Hufen aufgeteilt

---

Abb. 2: Würzberg, Luftbild 1:25 000 (1964)
   Mit Genehmigung d. Hess. Landesvermessungsamtes vervielfältigt-Verv.Nr.25/82. Freigegeben durch den Regierungspräsidenten in Münster/Westf. unter 6671/64.

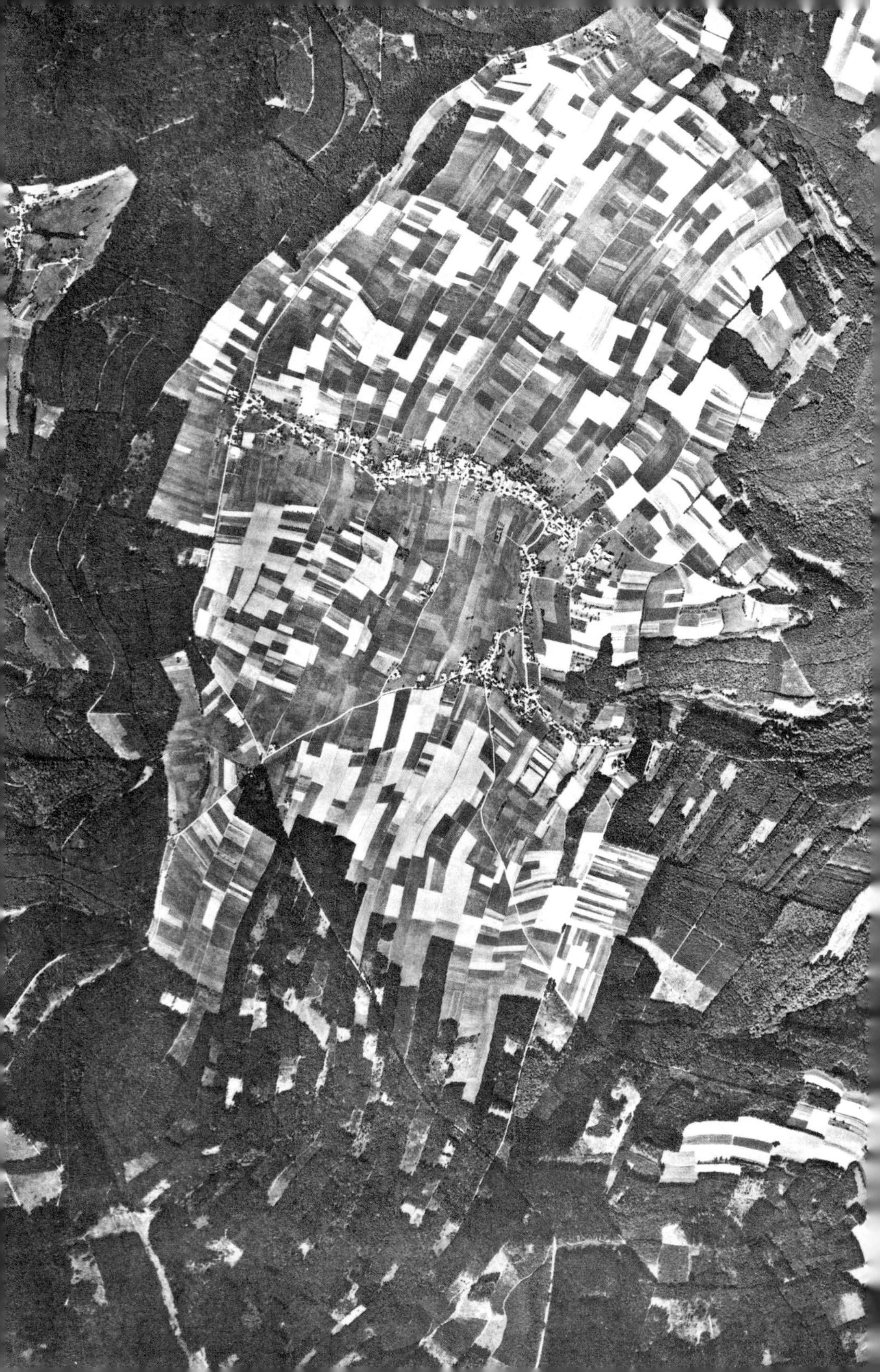

wurde. Für die ursprüngliche Zusammengehörigkeit von jeweils 2 Halbhufen = Teilhufen spricht die engbenachbarte Lage von je 2 Halbhufengehöften. Es ist offensichtlich, daß sich die Teilhufen zu Vollhufen ergänzen lassen. Auch eine neuere Untersuchung (H.-J. NITZ 1962, S. 52) kommt unter Berücksichtigung der Tatsache, daß die Vollhufenbreite bei einer Länge von 5 km ca. 100 m beträgt, zu dem Schluß, daß es sich um 16 Hufen gehandelt hat.

In dem zitierten Echterschen Lehensbrief waren 3 1/2 (4) Hufen aufgezählt worden. Ihr Ausdehnungsbereich erstreckte sich bis zur heutigen Sandgasse. Den östlichen Teil der Hufensiedlung nahmen mit 10 1/2 Hufen Hess. Kunkellehen die Grafen von Ingelheim ein. Dabei ist jedoch davon auszugehen, daß die zweite Hufe gegen O, ausgehend von der Sandgasse, eine besonders breite Hufe war (6-8). Die Hufenhöfe zu den einzelnen Vollhufenstreifen lassen sich mit einiger Sicherheit rekonstruieren. Eine später noch gegründete Hufe 16 ist jedoch nicht einwandfrei nachzuweisen.

Eine noch ältere Arbeit über die Flureinteilung der Gemarkung Würzberg stellt die Grenzbegehungsbeschreibung vom 8. Juli 1852 durch den Geometer MARTIN dar, der die einzelnen Fluren Würzbergs, angefangen von dem heutigen Hof "Bär" im Eck bis zum Oberdorf, zusammen mit dem Bürgermeister und den Feldgeschworenen abgeschritten hatte. Er unterschied in dem neu abgemarkten Gebiet = rechts der Hohen Straße bis zum Eck 15 Hufen und links der Straße einige Grundstücke, die an verschiedene Dorfbewohner verkauft worden waren.

Ein Zerfall der Hufen dürfte wohl damals (1852) wegen der ohnehin vorhandenen extensiven Feldbewirtschaftung nicht so gravierende Bedeutung besessen haben. Heute ist die Hufenzersplitterung jedenfalls soweit fortgeschritten, daß bei den Hufen 1-6 und 16 eine echte Gemenglage entstanden ist, obgleich die ehemaligen Hufenstreifen noch gut erkennbar geblieben sind.

5. Die Hufenteilung

Nach dem Erbacher Landrecht von 1520 war die Hufenteilung und Besitzzersplitterung untersagt (im folgenden Zitat nach F.H.K. BECK u. C. LAUTEREN 1824, S. 56f.):

> "Statuta unndt Ordnung der Herrschafft Erbach durch die Wolgeborenen Herrn Schenk Eberharden und Herrn Schenk Valtin beide Herrn zu Erbach, Gevettern unsere gnedige Herrn Anno 1520 uffgericht:
>
> Zum Neundten:
> Soll kein Gutt unnder ein Viertheil zertheilt werden, unndt ob Zween, Drey oder mehr an eim Viertheil hetten, welcher dann am meisten daran, hatt die Andern Macht abzukauffen; hett er aber fürhin, desselben Gutts, ein halbe Hueb, soll er nit Macht haben abzutreiben, unndt solches Viertheil auch an sich zu kauffen; es wäre dann, das der Andern Keiner, so auch an selben Viertheil theilhafftig, dasselbis kauffen, noch behalten wolt.
>
> Zum Zehenden:
> Ob der Erben keiner des Andern Theil kauffen wolt, auch sein Theil mit vorkauffen, welcher dann am meisten daran hat, der soll die andern anzukauffen pflichtig unndt verbunden sein. Wenn aber die Erben deß nit gemeint, unndt ihr keiner wollt daß annehmen, so soll dasselbig Gut einem Frembten, der das sammethafft unndt ohnzertheilt kauffen wolt, zu kauffen gegundt werden, damit solches Gut bey einander, unndt under ein Viertheil nit zerrissen bleib.
>
> Zum Letzten:
> So soll keiner inn ein Gutt, daß under ein Viertheil zertheilt ist, geerbt, noch darein gewert werden".

Die Gründe für die Unteilbarkeit der Hufen lagen nicht nur darin, eine bestimmte Wirtschaftsfläche zu erhalten, sondern wurden späterhin vorzüglich aus kameralistischen Rücksichten der Landesherrschaft aufrechterhalten und gesetzlich ausgesprochen (vgl. auch M. BORN 1972, S. 70). Auf der "Hubenabtheilung" beruhte das ganze frühere Abgabensystem: denn in ihr war in früherer Verfassung für alle ständige und unständige Lasten ein fester, und der einzige Maßstab gegeben. So wurden namentlich die Kriegslasten auf die Hufen repartiert und noch bis zur Auflösung der "Teutschen Reichsverfassung" hat sich die Zahl der sog. Kriegsfußmänner jederzeit nach der Zahl der Hufengüter gerichtet.

Wegen zunehmender Bevölkerung konnte jedoch dieser "Grundsatz der Untheilbarkeit" nicht mehr streng und nicht in allen Gegenden gleichartig durchgeführt werden. "Nur in den entlegeneren, oder weniger fruchtbaren Gegenden der Grafschaft Erbach hat sich die Hubengutsverfassung bis in die neusten Zeiten noch rein erhalten" (F.H.K. BECK u. C. LAUTEREN 1824, 2. Abschn.). Erst nach der Aufhebung des Erbacher Landrechts 1811 konnte die Hufe meist den familiären Erfordernissen entsprechend geteilt werden. So besagte die Großherzogliche Verordnung vom 5. Nov. 1809 (ARCHIV DER GROSSHERZOGLICH HESSISCHEN GESETZE UND VERORDNUNGEN 1834):

> "§ 7. Der Hubner in der Graffschaft Erbach und Herrschaft Breuberg ist, wenn ihm gleich vermöge seines Grundbesitzes gewisse Leistungen obliegen, voller Eigentümer seiner Hube, er kann sie frei verkaufen, verpfänden, in kindlichen Anschlag geben, in die allgemeine eheliche Gütergemeinschaft einwerfen, auch jetzt nach Willkür verteilen"

Nach der Verordnung des Großherzogs von Hessen vom 9.2.1811 wird die Verteilung der Grundstücke in Abschnitt II, § 10 - 12, besonders geregelt. Hufenteilungen waren regelmäßig "mit dem Ortsfeldgericht sorgfältig" zu überlegen und zu beraten (§ 11).

Nach den Katasterunterlagen wurde jeweils bei der Hufenteilung von der Gemeinde ein Weg angelegt, der den Anfang fast eines jeden Gewannweges macht. Diese Wegeteile sind heute noch Gemeindebesitz. Durch die Trennung der Wohnbereiche und die dadurch bedingte Eigenständigkeit eines jeden Miteigentümers erfolgte auch die Aufteilung der Feldflur.

Diese Aufteilung erfolgte in unterschiedlicher Form. Je nach Absprache unter den Beteiligten wurde eine Längsteilung oder Querteilung vorgenommen. Hierbei wurden Bodenverhältnisse, Ertragsfähigkeit und Bewirtschaftungsabsicht berücksichtigt. Der Unterschied zwischen Längs- und Querteilung wird auf dem Luftbild besonders gut sichtbar. Die nachfolgenden Kartenbeispiele stellen Beispiele für Längs- und Querteilung dar.

TEILUNGSSCHEMA DER HUBEN

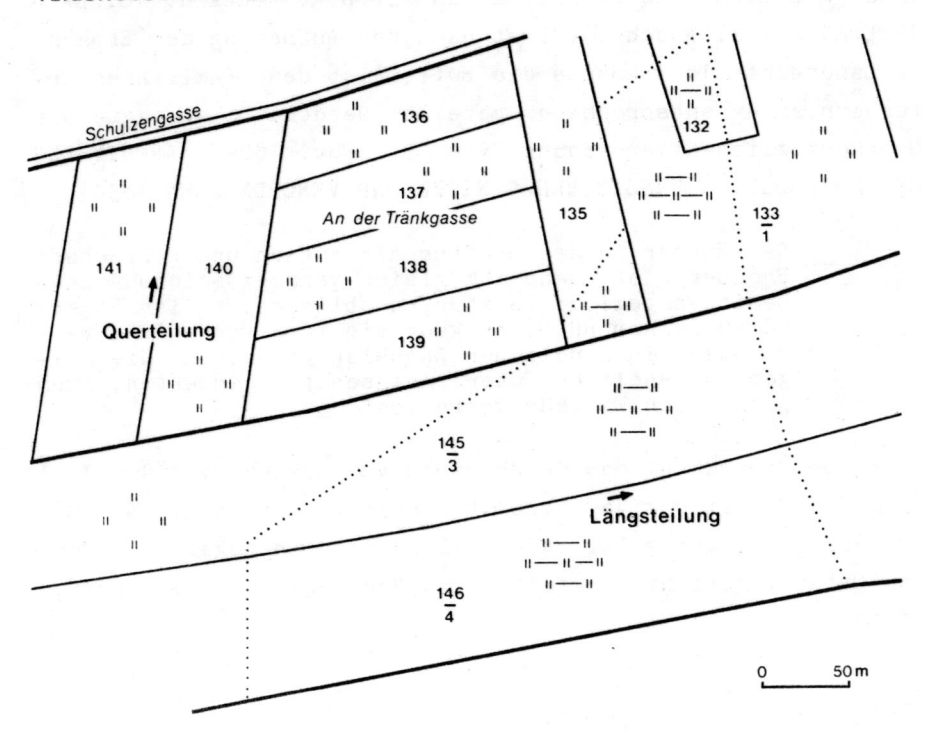

Abb. 3

Die Längs- bzw. Querteilung der Hufe ist in § 12 der VO vom 9.2.1811 Nr. 322 wie folgt geregelt:

> "Findet das Feldgericht die Verstückelung räthlich oder notwendig, oder wird auch nur nach gepflogener Berathung, von seiten des Eigenthümers auf die Verstückelung bestanden; so hat er ferner mit dem Feldgericht zu überlegen, auf welche Weise solche alsdann am Vorteilhaftesten bewirkt werden könne. Ob sie nemlich am besten so statt habe, daß das Stück seiner ganzen Länge nach getheilt wird, oder wie es gewöhnlich genannt wird, gespalten, oder ob es, wenn die Umstände es erlauben, nicht vorteilhafter quer abgeschnitten oder gestumpt werde".

Die seitliche Abgrenzung des Hufenstreifens erfolgte durch Hecken, Steinrücken oder Erdwälle. In der Nähe der Gehöfte geschah dies vielfach durch Stellsteine.

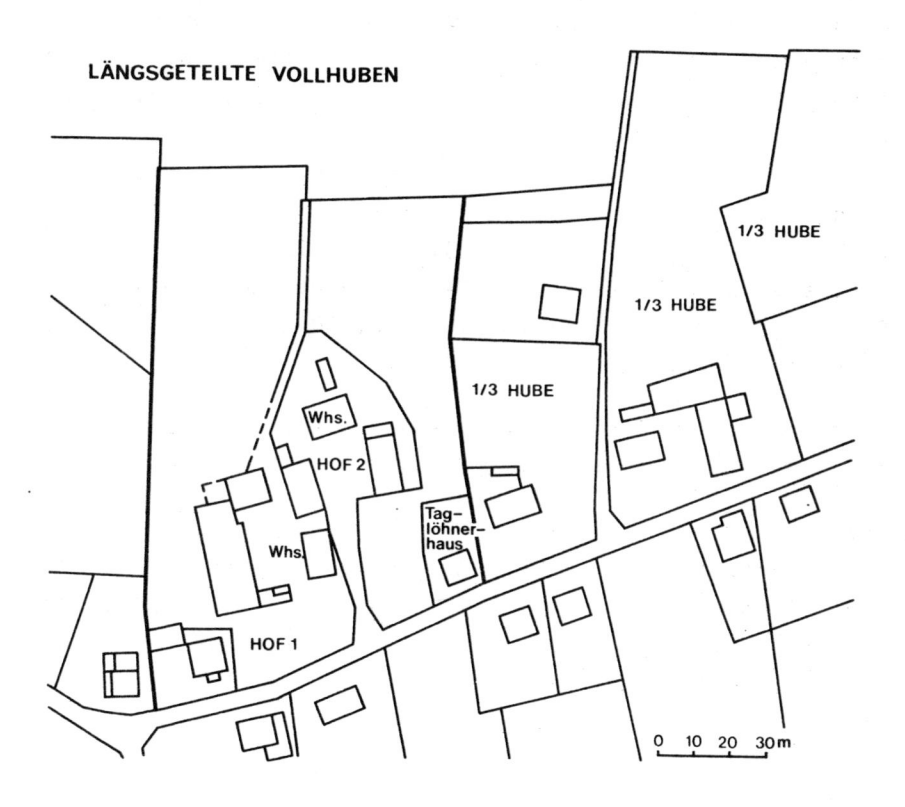

Abb. 4

Nachdem die Hufenteilung weitgehend abgeschlossen war, wurde eine Neuerfassung der den nunmehrigen Eigentümern gehörenden Grundstücke erforderlich. Dies geschah durch Neuvermessung und Festlegung der einzelnen Flurstücke mit Parzellennummern. Am 8.Mai 1852 erfolgte die Flureinteilung der Gemarkung Würzberg, verbunden mit einer gesamten Grenzbegehung.

In dem vorerwähnten Abmarkungsprotokoll stellt der Geometer MARTIN auf der Südseite der Dorfstraße vom Ortseingang bis zur Abzweigung im Eck folgende Hufen fest:

1.	Körber, Phil.	1/2	8.	Weyrauch, Heinr. II	1/2
	Lautenschläger, Joh.	1/2		Weyrauch, Joh. II	1/2
2.	Daum, Adam	1/1	9.	Trumpfheller, Peter III	1/2
3.	Walther, Peter	1/2		Volk, Christian	1/2
	Seeger, Joh.	1/2	10.	Trumpfheller, Leonh. VI	1/3
4.	Hieronymus, Karl zu			Trumpfheller, Joh. V	1/3
	Michelstadt	1/2		Trumpfheller, Leonh. VI	1/3
	Gebr. Josef, daselbst	1/2	11.	Old, Georg	1/1
			12.	Trumpfheller, Christ.	1/2
	Sandgasse:			Reichert, Peter	1/2
			13.	Knapp, Franz	1/1
5.	Walther, Joh. II	1/1	14.	Reichert, Heinr. II	1/1
6.	Groll	1/1	15.	Löw, Adam I	1/1
7.	Reichert, Phil.	1/1			

Auf der nördlichen Straßenseite werden als Hufenbesitzer genannt:

1.	Körber	1/2	7.	Reichert, Phil.	1/1
	Lautenschläger, Joh.	1/2	8.	Weyrauch, Heinr. II	1/1
2.	Daum, Adam	1/1	9.	Trumpfheller, Peter III	1/2
3.	Seeger, Joh.	1/1		Volk, Christian	1/2
4.	Walther, Peter	1/2			
	Dingeldein, Peter	1/2			
5.	Naas, Georg	1/2			
	Weyrauch, Joh.	1/2			
6.	Walther, Joh.	1/1			

Schulzengasse:

		11. Old, Georg	1/1
10. Trumpfheller, Joh. V	1/2	12. Reichert, Peter	1/2
mit dem Gemeindegrund-		Trumpfheller, Chr. II	1/2
stück (heute Standort		13. Knapp, Franz	1/1
der evang. Kirche)		14. Reichert, Heinr. II	1/1
Trumpfheller, Leonh.	1/2	15. Löw, Adam I	1/1

Bei dieser Aufzählung werden also Hufe 6,7 und 8 nicht als besonders kleine Hufen gekennzeichnet. Hufe 10 war auf der rechten Straßenseite dreifach unterteilt, wobei sich heute nicht mehr sagen läßt, ob quer oder längs. Die heute geteilten Hufe 11 und 13 waren allerdings ungeteilt (MARTIN 1852). Aus dem unteren Teil des Dorfes werden keine geschlossenen Hufen erwähnt. Anscheinend war im sog. Unterdorf die Hufenteilung durch stärkere Ansiedlung bereits stärker fortgeschritten, zumal gesagt wird, daß die südlich des Steinwegs und der Waldstraße gelegenen Hufenteile der Bauern aus dem Eck durch die Besiedlung der Waldstraße, des Triebes und des Steinwegs unterbrochen werden.

Die 3 im Unterdorf vermuteten Hufen sind nicht mehr beweiskräftig zu rekonstruieren, da selbst die ehemaligen Gehöfte durch die stärkere Besiedlung nur mit Mühe auffindbar sind, sie treten unter den später dazugekommenen landwirtschaftlichen Betrieben nicht mehr hervor. Das dazugehörige Ackerland wurde vielfach unter verschiedene Bauern verteilt. Durch die Siedlungsverdichtung im Unterdorf wurden diese ehemaligen Höfe an das Oberdorf angeschlossen, in dem auch Gutsteilungen stattgefunden haben, jedoch nicht in dem Ausmaß wie im Unterdorf.

Insgesamt gesehen - und verglichen mit anderen Waldhufensiedlungen - hielt sich im Oberdorf die Teilung der Hufen in Grenzen, weil hier ein stärkerer Einfluß der Grafen Erbach vorherrschte, die in ihrem Landrecht von 1520, wie bereits erwähnt, bis 1811 eine Hufenteilung untersagten.

6. Versuch einer Rekonstruktion der 16 Hufen

Die unterschiedliche Festlegung der Hufenzahl ist darauf zurückzuführen, daß die Grundlageerhebungen zu verschiedenen Zeitpunkten und auf sehr abweichende Zeiträume bezogen stattgefunden haben. Die Feststellungen von P. BUXBAUM und MARTIN beziehen sich auf die Jahre 1852 bzw. 1853. Die Untersuchung von H.-J. NITZ (1962) lehnt zwar an die Erkenntnisse von P. BUXBAUM an, geht jedoch bei der Hufenbemessung, was Größe (Breite und Länge) anbetrifft, von Vergleichsobjekten und neueren Forschungsergebnissen aus.

Die Feststellung von 15 Hufen (vom Oberdorf bis einschl. Gehöft Walther im Eck) beruht auf siedlungstechnischen Ergebnissen (Gehöftanlage und Teilung) und nicht zuletzt auf vergleichenden Beispielen anderer Waldhufensiedlungen. Die zu der Ermittlung von H.-J. NITZ noch fehlende Hufe 16 könnte das Bocksgut gewesen sein, welches außerhalb der Dorfreihe (etwa 200 m abseits der Reihensiedlung) lag.

Die nunmehr ermittelten 16 Hufen lassen sich nach heutigem Stand, mit Ausnahme von Hufe 1-4 und 16, gut rekonstruieren. Die Beschreibung erfolgt vom Ortseingang (Römerburg) her, da dort vermutlich der Siedlungsursprung gewesen sein dürfte. Die Hufenhöfe als jeweilige Einzelgehöfte wurden nach Aufhebung des Erbacher Landrechts aufgelöst und geteilt. Aus dem ehemaligen Hufenhof entstanden meist 2 Gehöfte nach heutigem Stand. Dies ist aus Lageskizzen ersichtlich. Eine sicherere Rekonstruktion in Bezug auf die Hufen 1-4 und 16 ist nicht möglich, da durch umfangreiche Besitzzersplitterung und fehlende alte Aufzeichnungen die entsprechenden Nachweise nicht erbracht werden können. Es soll jedoch versucht werden, auch hier eine entsprechende Abgrenzung vorzunehmen. Diese beruht im wesentlichen auf mehrjährigen eigenen Erhebungen. Dabei werden jeweils die heutigen Besitzer genannt, falls nicht eine erhebliche Zersplitterung (z.B. Hufe 2,4,6) dies unmöglich macht.

WÜRZBERG – HUBENANLAGE

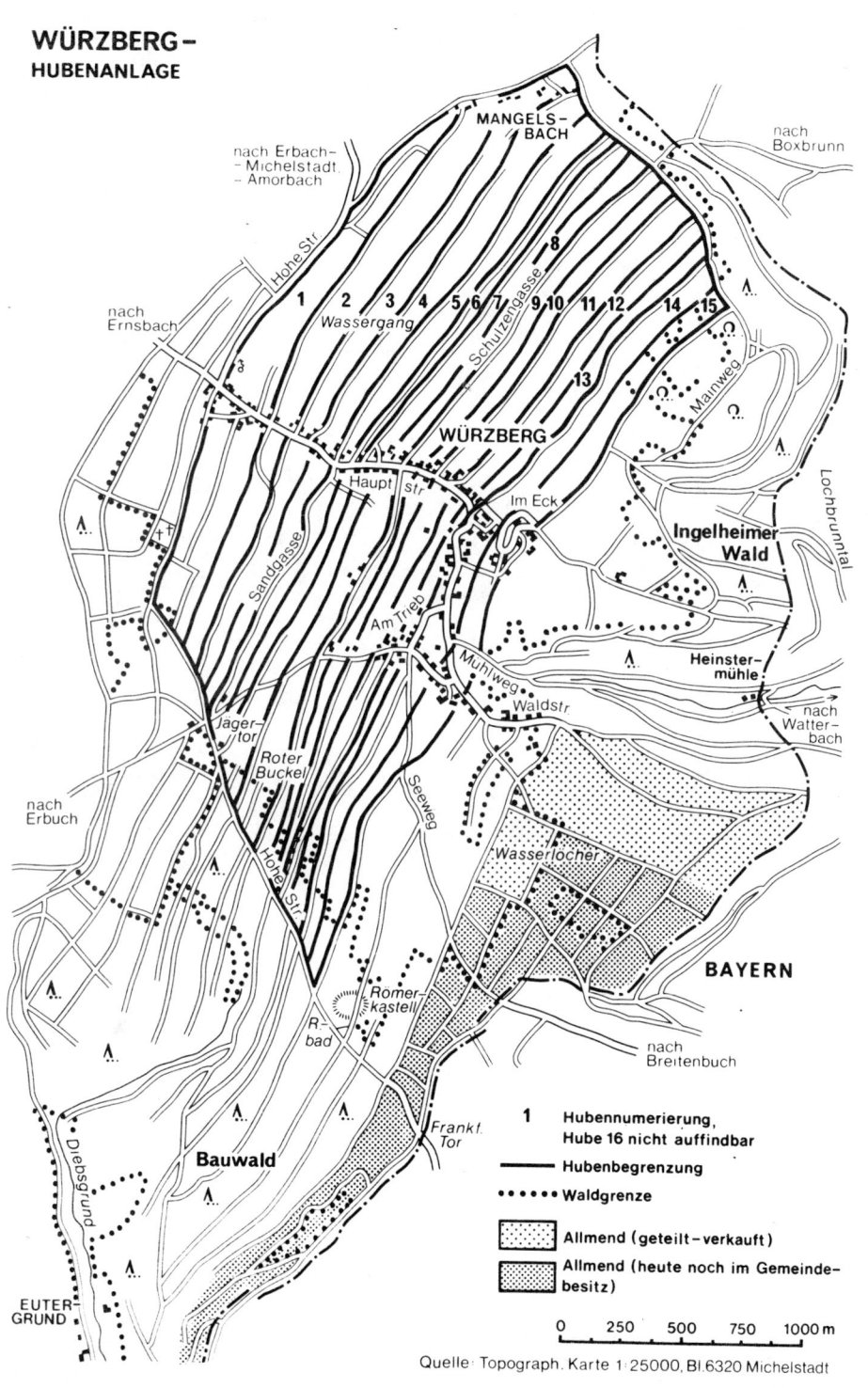

Legende:
- 1 — Hubennumerierung, Hube 16 nicht auffindbar
- Hubenbegrenzung
- ····· Waldgrenze
- Allmend (geteilt-verkauft)
- Allmend (heute noch im Gemeindebesitz)

0 250 500 750 1000 m

Quelle: Topograph. Karte 1:25000, Bl. 6320 Michelstadt

Abb. 5

Hufe 1

Römerburg - K.-H. Walther
        - J. Trumpfheller
        - H. Groll.

Die Hufe ist wegen der Kürze des Hufenstreifens als besonders breit anzunehmen. Der Hufenhof könnte beim heutigen Gehöft Trumpfheller angenommen werden.

Hufe 2

Daumsgut - zersplittert.

Bei dieser Hufe ist mit den nachfolgenden Hufen bereits eine vergleichbare Breite festzustellen, obzwar diese nach Süden verkürzt ist. Hier fehlt, wie bei allen der 4 oberen Hufen, das nach Süden anschließende Waldareal. Der gesamte Hufenstreifen ist wegen Aufgabe der Landwirtschaft in Einzelparzellen zerfallen und an verschiedene Eigentümer verkauft worden.

Hufe 3

J. Lautenschläger und L. Spatz.

Beide sind noch landwirtschaftliche Betriebe.

Hufe 4

Leinewebergewanne - zersplittert.

Die Fortsetzung der Hufe 4 nach Süden grenzt mit der östlichen Längsgrenze an die Sandgasse.

Hufe 5

E. Walther - A. Trumpfheller.

Der ehemalige Hufenhof ist nach einer Lageskizze nachweisbar. In nördlicher Richtung sind die heutigen 2 Längsstreifen vom Gehöft aus bis zur Nordgrenze in sich eingeschlossen.

Hufe 6

Hufenstreifen hinter Haus Weidmann. Hier handelt es sich um einen schmalen Streifen, der aller Vermutung nach ehemals zur folgenden Hufe 7 gehörte und diese als besonders breit auszeichnete. Der gesamte Streifen wurde wegen Aufgabe der Landwirtschaft geschlossen an einen anderen Landwirt veräußert.

Hufe 7

Gg. Ludebühl - O. Kirchschlager.

Hier ist wieder im Verhältnis zur Länge eine typische Breite festzustellen. Der Hufenstreifen Kirchschlager ist z.Zt. noch der einzige, welcher ununterbrochen von der Nordgrenze der Gemarkung bis zum Eutergrund (Südgrenze) durchzieht, während der Hufenstreifen Ludebühl nur noch in nördlicher Richtung in sich geschlossen ist.

Hufe 8

H. Trumpfheller - K. Hoffmann.

Die Hufe grenzt an die Schulzengasse bzw. Tränkgasse. Der ehemalige Hufenhof kann nachgewiesen werden.

Hufe 9

I. Orth - H. Trumpfheller.

Der Hufenhof kann nachgewiesen werden. Die Teilung der Gehöfte und der Verlauf der Grenze läßt vermuten, daß das ehemalige Wohnhaus dort stand, wo heute die beiden Scheunen aneinandergebaut wurden.

Hufe 10

W. Weyrauch - W. Vay.

Ein Nachweis über den ehemaligen Hufenhof liegt nicht vor.

Hufe 11

H. Knapp - A. Knapp.

Durch die Ansiedlung des Gasthauses "Grüner Baum" (W.König) wird hier das Bild des ehemaligen Hufenhofes verwischt. Die Hufe läßt sich hier nicht durch den Hufenhof, sondern durch die Hufenflurstreifen nachweisen.

Hufe 12

G. Flechsenhaar - A. Löw.

Die Hufe scheint frühzeitig geteilt worden zu sein, da Unterlagen über den ehemaligen Hof nicht mehr vorhanden sind.

Hufe 13

Anna Reichert Im Eck - Komnick Willi.

Die Gehöfte Neff und Komnick wurden später angesiedelt.

Anna Heß.

Hier wurde eine ehemalige volle Hufe wie bei Hufe 15 alleingenutzt. Vermutlich bildete diese Hufe eine Einheit mit der Hufe 13.

Hufe 14

Gert Bär (früher Old).

Größte Hufe in der gesamten Hufenflur. Diese beinhaltete vermutlich vom Ursprung her alle weiteren östlich gelegenen Teile. Von diesem Gehöft aus wurden die Flurgrenzen für die gesamte Gemarkung festgelegt.

Hufe 15

Adam Mohr - Wilhelm Walther.

Als östliche Hufenhöfe, quergeteilt. Gemenglage.

Hufe 16

K. Achtstätter (Bocksgut).

Die gesamte Hufe, sofern überhaupt eine solche angenommen werden kann, ist durch Zersiedlung und Besitzzersplitterung nicht mehr zu rekonstruieren.

7. Die Gemeindeallmend

Am südöstlichen Rand der Gemarkung, mit der bayerischen Landesgrenze abschließend, liegt die ehemalige Gemeindeallmend. Sie umfaßt die Flurteile mit der Bezeichnung: Voraus, Wasserlöcher, Im Haag, Straßenheumatte, Bauwald, Aspenrain und endet im Eutergrund.

Die Gemeindeallmenden, Allmandgüter oder Allmuthen in der Grafschaft Erbach und Herrschaft Breuberg sind solche Güter, deren Eigentümer die ganze Gemeinde ist und deren Nutzung allen Gemeindegliedern zusteht. Die Verwaltung dieses einheitlichen Vermögens unterliegt der Gemeinde unter der Oberaufsicht der Grafschaft und später des Staates. Die Teilnahme am Allmendgenuß stand früher allein den Hufenbesitzern, nach Auflösung des Erbacher Landrechts jedoch auch dem "gemeinen Manne" zu. Dies war dadurch möglich, weil man den "Unterschied zwischen vollen Ortsbürgern und Beisassen, sowohl in Ansehung der politischen, als auch der nutzbaren Rechte" abgeschafft und "auch den vormaligen Beisassen" gleichberechtigt teilnehmen ließ (vgl. dazu im folgenden F.H.K. BECK u. C. LAUTEREN 1824, S. 352-361). Ein ehemaliger Beisasse konnte jedoch nur dann an der Nutzung der Allmend beteiligt werden, wenn "durch den Abgang älterer Ortsbürger" Allmendlose frei wurden.

Da, wo die "Hubengutsverfassung" noch praktiziert wurde, waren die Hufengutsbesitzer zu alleinigen "Activ-Bürger"(Zentmänner) geworden und als solche auch die alleinigen Nutznießer des gemeindlichen Vermögens. Die übrigen Ortseinwohner, sowohl die jüngeren Nachkömmlinge der Hufenbauern, welche nur abgerissene Teile der Hufengüter besaßen, als auch die sonstigen Tagelöhner und Dorfhandwerker, hatten als bloße Beisassen in der Regel an den Vorteilen der Gemeinde keinen Anteil. Dafür waren sie aber - auch mit Ausnahme einer geringen, mit der Abschaffung des Erbacher Landrechts aufgehobenen Abgabe, dem Beisassengeld - von sonstigen öffentlichen Lasten befreit.

So kam es, daß die gesamte Allmend nur von den Hufenbauern genutzt wurde. Der Allmendanteil richtete sich nach der Hufengröße. Ein Besitzer einer halben Hufe erhielt demgemäß auch nur einen halben Losanteil. Da alle Gemeinde- und Kriegslasten von den Hufengutsbesitzern nach der Größe ihrer Besitzung getragen wurden, hielt man es für gerechtfertigt, diesen auch eine verhältnismäßige Nutzung der Allmend zuzusprechen. Nach der Ablösung des Erbacher Landrechts wurde die Nutzung wie seither belassen. Durch die Gemeindeordnung vom 30. Juni 1821 wurde den bisherigen Nutznießern (Hufenbauern) zugesichert, daß eine bisherige Nutzungsberechtigung nicht entzogen werden dürfe.

Nach der gleichen Gemeindeordnung vom 30. Juni 1821, Art. 95-98 wurde die Teilung bzw. Übereignung der Allmendlose in Privatbesitz sichergestellt (F.H.K. BECK und C. LAUTEREN 1824, S. 360):

"§4 Eine Teilung der Allmenden und deren Verwandlung in Privateigenthum kann durch Stimmenmehrheit der Gemeindeglieder beschlossen werden. Doch sind von dieser Theilung die Gemeindewaldungen ausgenommen".

Eine solche Aufteilung der Allmend hat in Würzberg 1830 und 1834 stattgefunden. Dabei wurden ganze und halbe Lose zu geringem Preis vergeben. Das Gesamtbild des damaligen Erwerbs hat sich heute jedoch dadurch verschoben, daß große und kleine Lose weiterveräußert oder zusammengelegt wurden. Die ehemalige durchschnittliche Losgröße betrug 1,25 ha. Es waren 59 Lose mit Buchenwald bewachsen.

Aus den vorgeschilderten Nutzungsrechten wird ersichtlich, weshalb die abseits der Hufen gelegenen Vorauslose (Allmend) Eigentum der Bauern aus dem Oberdorf sind. Die Wasserlöcher wurden 1870 und 1921 in zwei Abschnitte gerodet und an 43 verschiedene Eigentümer verkauft. Der dazugehörende Wald der Wasserlöcher "Im Haag", "Straßenheumatte", "Bauwald" und "Aspenrain" blieben weiterhin Eigentum der Gemeinde und umfassen ca. 80 ha. (ARCHIVALIEN DER GEMEINDE WÜRZBERG). Die Abgrenzung der Gemeindeallmend ist heute noch an den sog. WGA-Steinen (Würzberger - Gemeinde - Allmend) gut erkennbar (Abb. 6).

GRENZSTEINE GEMEINDEALLMEND
jeweils Vorder- und Rückseite

Abb. 6

8. Das heutige Bild der Waldhufensiedlung

Nachfolgend werden die bereits erläuterten Hufen (Hufenhöfe) im Gesamtbild des heutigen Bebauungszustandes der Ortslage dargestellt. Dabei fällt besonders auf, daß im Bereich der Hufe 1 im Oberdorf trotz des direkten Einflusses der Grafen von Erbach zum heutigen Zeitpunkt eine wesentlich umfangreichere Zersplitterung der Hufen eingetreten ist. Nach der Aufhebung der Unteilbarkeit der Hufen wurden im gesamten Bereich des Oberdorfes unmittelbar beim Hufenhof kleinere Häuser (Einhäuser) errichtet. Kleine Einzelgehöfte wurden überall dort angelegt, wo die Hufe frühzeitig zersplittert und der Hufenhof unmittelbar danach aufgelöst wurde. Erst nach 1900 wurden einzelne Häuser auf der rechten Straßenseite (von der Römerburg nach Osten gesehen) errichtet. Diese rechtsseitige Bebauung wurde bis heute beibehalten, da linksseitig durch die Hufenhofreihe keine Baulücken mehr vorhanden sind.

Der südliche Teil der Hauptstraße (L. Walther - Gasthaus Hirsch), der Trieb, Steinweg und Waldstraße wurden wesentlich später angelegt und besiedelt. Ausgesprochene Hufenhöfe wie im Oberdorf erscheinen hier nicht. Durch den Straßenverlauf und die Siedlung im Unterdorf wird die Hufenlage von Hufe 9 bis 15 in südlicher Richtung jeweils unterbrochen.

Das Bild im Oberdorf wird heute noch weitgehend durch die Gehöftanlagen bestimmt. Das Unterdorf dagegen gleicht eher einer Arbeitersiedlung. Dies ist wohl darin begründet, daß im Oberdorf der Siedlungsursprung gewesen war und somit hier eine planvolle Anlage von Hufenhöfen von alters her bestand. Nach dem hier sehr streng praktizierten Erbacher Landrecht war eine Erstellung weiterer Wohngebäude im Bereich einer Hofraite verboten.

Die heute in diesem Bereich erscheinenden Wohnhäuser wurden fast ausnahmslos in den Jahren nach 1925 errichtet. Hier waren es Abkömmlinge des Hufenbesitzers oder in der Landwirtschaft tätige Arbeitnehmer, die eine Bauerlaubnis erhielten. Die Baugrundstücksgröße wurde jedoch sehr klein bemessen und reichte gerade aus, um ein dem Einheitshaus nahekommendes Wohngebäude zu errichten. Nach noch vorhandenen Bauplänen aus dieser Zeit hatten die Häuser z.T. eine bebaute Fläche von 6 x 7 m. Ein kleiner Stall für eine Kuh oder Ziege war unter der Wohnung untergebracht. Es handelte sich also um gestelzte (Einheits) Häuser.

Jedoch zurück zum Gehöft. Es setzt sich aus einer Anzahl von Gebäuden zusammen, die sich als ein offenes, im Einzelfall auch geschlossenes Viereck darstellen. An einer Seite des Vierecks befindet sich ein queraufgeschlossenes Wohnhaus, das in neuerer Zeit nur den Wohnbereich enthält. In dem Vorgängertyp des heutigen Bauernhauses waren noch landwirtschaftliche Wirtschaftsräume vorhanden. Dazu kommen dann eine oder zwei Scheunen, Gerätehalle und Silos zur Grünfutterbevorratung. Die Ställe sind meistens ebenerdig in den Scheunen untergebracht. Backhäuser sind heute gänzlich verschwunden. Eine Großhofanlage, wie diese im Vorderen Odenwald aus fränkischer Zeit überliefert ist, kann in Würzberg nicht festgestellt werden.

Ebenerdige, mit Stroh bedeckte Häuser waren in Würzberg bis um 1920 nicht selten. Obwohl die Brandverhütungsordnung Strohdächer untersagte, konnten sich diese in Würzberg doch recht lange halten. Diese Kleinlandwirtschaften von 0-5 ha. befinden sich überwiegend im Wohnbereich Unterdorf. Hierbei handelte es sich um die sogenannten ebenerdigen Einheitshäuser, d.h. solche Bauten, die Menschen und Vieh zusammen mit Vorräten und Geräten unter einem Dach vereinigten. Bei diesen Häusern lag der Stall nicht unter, sondern neben dem Wohnteil. Scheune und Schuppen schlossen sich an den rechts oder links von der Wohnung gelegenen Stallraum an. Der einzige Kellerraum lag unter der "Stube" und war sehr klein bemessen.

EBENERDIGES EINHEITSHAUS

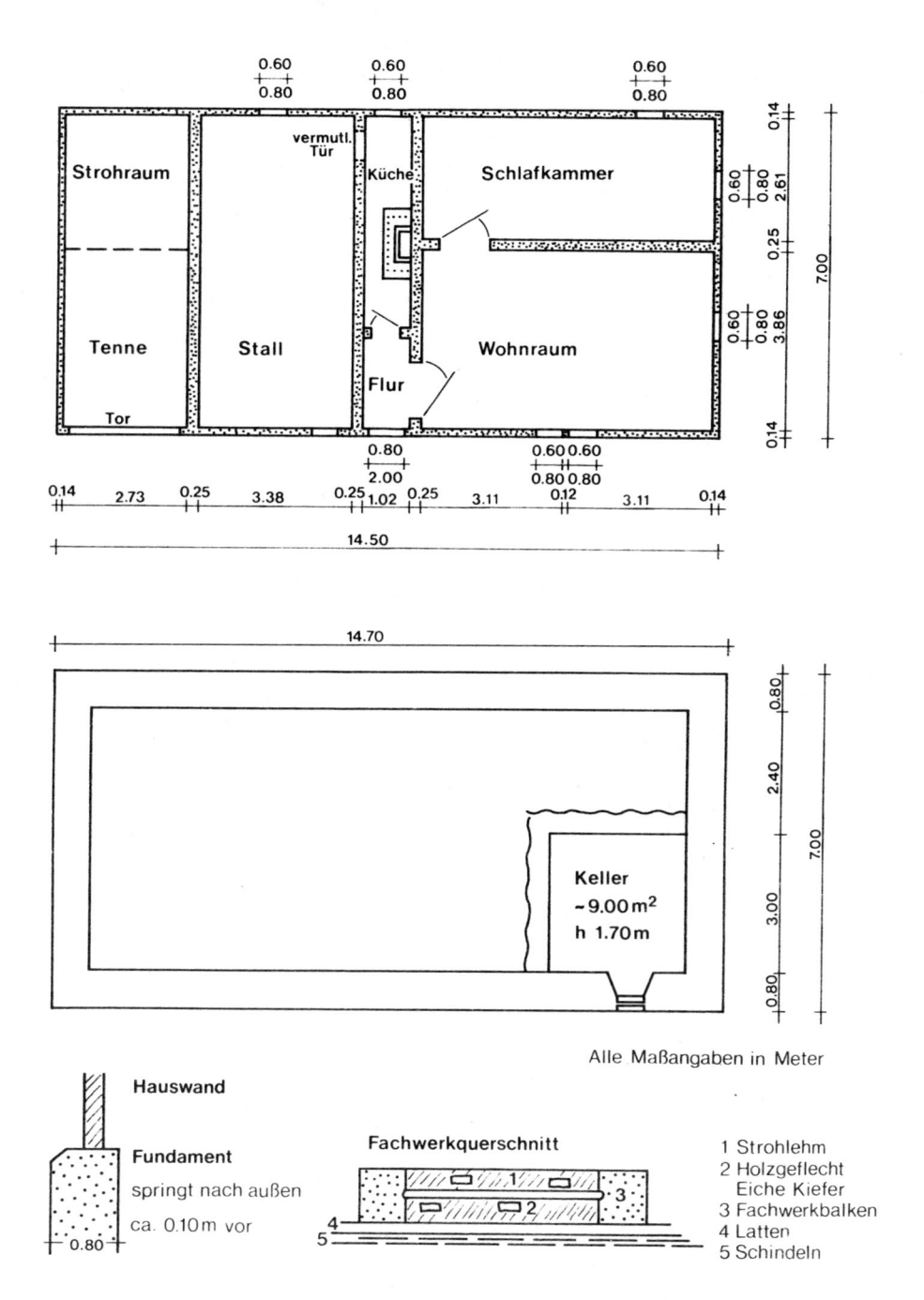

Alle Maßangaben in Meter

Hauswand
Fundament springt nach außen ca. 0.10 m vor

Fachwerkquerschnitt

1 Strohlehm
2 Holzgeflecht Eiche Kiefer
3 Fachwerkbalken
4 Latten
5 Schindeln

Abb. 7

Das letzte derartige Haus war das bis 1965 bewohnte von J. Weyrauch Am Trieb. Die Abbildung 7 zeigt dessen Grundriß. Es war unterteilt in eine kleine Scheune, einen Kuhstall - darüber der Heuboden - und den Wohnteil. Der Wohnteil bestand aus einem kleinen Flur, einer Küche und zwei Kammern. Nachdem später noch eine Scheune angebaut wurde, konnte man den Stallraum als Wohnung ausbauen. Das Gleiche gilt für den Heuboden.

Sämtliche Häuser dieser Art sind in Würzberg verschwunden. Sie mußten größeren, meist doppelstöckigen Häusern weichen. Durch die Aufgabe der sehr kleinen Landwirtschaften und Ansiedlung eines Industriebetriebes kann man in diesem Wohnbereich II den Charakter einer landwirtschaftlichen Marginalkultur nicht mehr erkennen. Es ist hier eine typische Arbeitersiedlung entstanden.

Flurnamen bei der Abmarkung der Grenzen im Jahre 1853
(nach ARCHIVALIEN DER GEMEINDE WÜRZBERG)

1) Bauwald
2) Roter Buckel
3) Am Schreckenbrunnen
4) Tränkgasse
5) Michelsee
6) An der dicken Eiche
7) An den Lehmlöchern
8) An der Hesselbacher Str.
9) Am Mainweg
10) An der Boxbrunner Grenze
11) An der Schafwäsche
12) Auf der Höh
13) Am Bild
14) Waldwiesenberg
15) Wassergang
16) Rainacker
17) Am Kopf
18) Baumacker
19) Beim Bäckersbrunnen
20) Lochbrunnen
21) Bei der Hainstermühle
22) Mühlfeld
23) Maueracker
24) Krautgartenacker
25) Jägergarten
26) Mühlacker
27) Rundacker
28) Die langen Äcker
29) Kohlwald
30) Mangelsbach
31) Voraus
32) Ingelheimer Wald
33) Feuchte Platte
34) Gegen den Wassergang und Mainweg
35) Haag
36) Engerle
37) Sommerberg
38) Im Rott
39) In den Aspen
40) In den alten Wiesen
41) In den steinigen Wiesen
42) Im oberen Buchwäldchen
43) In den Lützelbacher Hecken
44) Im Aspenrain
45) Im Eutergrund
46) Ober dem Kirchweg
47) Oberhalb dem gemeinen Trieb
48) An der Seewiese
49) Pferchacker
50) Streitwiese
51) Sraßheumatte
52) Wasserlöcher

LITERATURVERZEICHNIS

ARCHIVALIEN DER GEMEINDE WÜRZBERG. Stadtarchiv Michelstadt (ungeordnet).

ARCHIV DER GROSSHERZOGLICH HESSISCHEN GESETZE UND VERORDNUNGEN. Erster Band. August 1806 bis Ende des Jahres 1813. Darmstadt 1834.

BECK, F.H.K. u. LAUTEREN, C.: Das Landrecht oder die eigenthümlichen Rechte und Sitten der Grafschaft Erbach und Herrschaft Breuberg. Darmstadt 1824.

BORN, M.: Siedlungsgang und Siedlungsformen in Hessen. In: Hessisches Jahrbuch für Landesgeschichte Bd. 22/1972. S. 1-89.

BUXBAUM, P.: Beiträge zur Siedlungs- und Wirtschaftsgeschichte des Odenwaldes. Michelstadt 1928.

GEHRIG, F.: Die Besitzteilung der Rüdt von Collenberg im Jahr 1310. In: Beiträge zur Erforschung des Odenwaldes und seiner Randlandschaften III. Neustadt 1980.

KLAUSER, R.: Das Zinsregister der Pfarrkirche St. Martin zu Beerfelden im Odenwald. Sonderdruck aus dem Archiv für mittelrheinische Kirchengeschichte Bd.13/1961.

LORSCHER CODEX. Ins Deutsche übertragen von K. J. Minst. Lorsch 1974.

MARTIN: Abmarkungsprotokolle der Fluren in der Gemarkung Würzberg. Stadtarchiv Michelstadt (handschriftlich). Würzberg 1852.

MÜLLER, W.: Hessisches Ortsnamenbuch Starkenburg. Darmstadt 1937.

NITZ, H.-J.: Die ländlichen Siedlungsformen des Odenwaldes 1962.= Heidelberger Geographische Arbeiten 7/1962.

SCHNEIDER, D.: Historie und Stammtafel des hochgräflichen Hauses. Frankfurt 1736.

SIMON, G.: Die Geschichte der Dynasten und Grafen zu Erbach und ihres Landes. Frankfurt 1858.

ZIENERT, A.: Die Großformen des Odenwaldes. = Heidelberger Geographische Arbeiten 2/1957.

DARMSTÄDTER GEOGRAPHISCHE STUDIEN

H 1   FRIEDRICH, Klaus: Funktionseignung und räumliche Bewertung neuer Wohnquartiere. Untersucht am Beispiel der Darmstädter Neubaugebiete Eberstadt - NW und Neu - Kranichstein. 248 S. mit 45 Abb. u. 27 Tab. 1978.   DM   29.50

H 2   HAUCK, Barbara und Manfred SCHICK: Die jüngste Entwicklung der Tabakflächen im nordbadischen Anbaugebiet nördlich der Hockenheimer Hardt. 89 S. mit 6 Abb. u. 4 Tab. 1979.   DM   7.00

H 3   Beiträge zur Geographie des ländlichen Raumes. 121 S. mit 14 Abb. u. 12 Tab. 1982.   DM   14.00

1731467